シニアの 減塩するからおいしいレシピ

減-鹽-料-理

可以這麼好吃!

NHK嚴選
80道家常食譜,
少用一半鹽,
美味又健康

小田真規子/監修 米宇/譯

減鹽料理可以這麼好吃！目錄

- 本書的用鹽量，是和「一般做法」相比。「一般做法」的用鹽量，是以小田老師的一般食譜為測量標準。

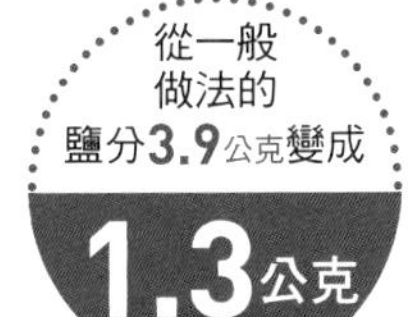

- 表示的用鹽量是一人分。
- 本書使用的量杯是200毫升，量匙1大匙＝15毫升，1小匙＝5毫升。1毫升＝1cc。
- 本書中鹽1撮＝0.5公克，2撮＝1公克。
- 本書所使用的「味噌」是米味噌（淺色），鹽分約占12%。
- 電子微波爐使用時間請自行斟酌。由於不同機種各有差異，請按照料理情況自行調整。
- 電子微波爐中若放入部分金屬製容器或者非耐熱性玻璃容器、漆器、木或竹製品、耐熱不滿140℃的樹脂製容器，可能引發故障或意外，敬請注意。
- 本書標示的電子微波爐料理時間，是以600W的機型為標準。若是700W大概是0.8倍，500W的料理時間則是1.2倍。

※本書是參考「NHK今日料理」的菜單，增添新的料理品項後再編輯而成，並非節目播放時使用的菜單。

好吃才能持續，

減鹽讓你更健康！

為了開始減鹽，也為了持續，「美味」非常重要。
只要記住美味烹調的訣竅，不必勉強也能減少鹽分。
接下來，就讓我們看看減鹽可以帶來哪些健康的好處吧。

學習減鹽卻依然美味的技巧

你是否會覺得，減鹽之後的料理一點都不好吃？

的確，不過是減少了用鹽量，卻總覺得少了什麼味道。

然而，「炒得清脆而不出水」、「炒乾後更有味道」等，只要在料理訣竅或調味時機上下點功夫，減鹽也能活用食材的鮮甜與香氣，做出美味料理。

本書以經典菜餚為主，介紹能做出美味料理的減鹽食譜及各種小技巧。只要減鹽料理能夠美味，那麼不必勉強自己，也能夠持續。

只要比現在稍微少一點鹽，就很接近理想的用鹽量

日本人一天的理想鹽分攝取量，成年男性是八公克以下，成年女性則是七公克以下。和世界標準比較，基準相對寬鬆，世界衛生組織（WHO）的標準是一天在五公克以下。

日本餐食有鹽分較高的傾向，看一下實際的平均攝取量，成年男性是十・八公克，成年女性則是九・二公克（※）。和理想攝取量相比超過了二到三公克，所以如果以一天減兩公克，每餐減〇・七公克為目標，以食鹽來說約是八分之一小匙，以醬油來說約是一小匙的量，就只是減少了一點點。

讓身體更健康——減鹽的好處

鹽分攝取過量，第一個顯現出來的就是高血壓。

如果持續高鹽分的飲食習慣，血液中鹽分濃度提高，為了稀釋血液，血管中水分會增加，給血管帶來很大的壓力，就會招致高血壓。

此外，鹽分和水分過多，腎臟來不及排出，就會引發水腫。

如果持續高血壓，長期下來血管將會產生損傷，腦、心臟、腎臟也可能發生病變。

另外，習慣高鹽飲食（重口味），同時會有過度攝取脂肪及糖分的傾向，也很容易導致肥胖或糖尿病。

多攝取鉀含量高的蔬菜，可幫助排出體內多餘鹽分。

● 有腎臟病的人則要注意鉀的攝取量。

※資料來源：2016年日本厚生勞動省「國民健康與營養調查」

能夠持續減鹽的3個建議

為了讓減鹽變成習慣，
一定要遵守以下3個重點。

建議

習慣「測量用鹽量」

依照鹽的產地及製作方式，有各式各樣的鹽粒大小，所以就算是1小匙，重量也會有所差異。

本書為了盡量能正確測量，使用的是精鹽。

用鹽時要用量匙測量，養成確認用鹽量的習慣後，也會提高減鹽意識。

此外，在測量少量的鹽時，有個標準也很重要。

譬如要用小匙量出1公克，是小於量匙6分之1的量，這樣很難測量。

在此推薦的是用3根手指頭測量的方式。先量出正確的1公克，用3根手指頭捏著那些鹽感覺看看。大致上來說「1撮」是0.5公克，「2撮」是1公克。另外，以拇指、食指2根手指頭抓起來是0.3公克，可當成是「半撮」。

1/6 小匙的量約是1公克。只要先掌握好量，之後就可以使用同樣的湯匙測量。

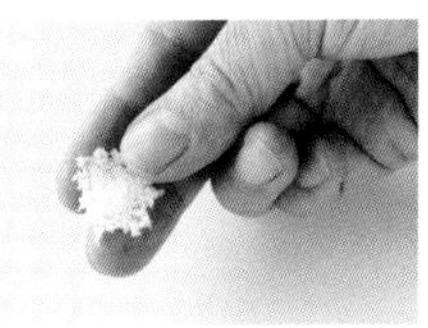

使用拇指、食指、中指3根手指抓起來的量是「1撮」，大約是0.5公克。

建議

餐桌上不要放鹽或醬油

若想提醒自己減鹽，就不要在餐桌上或手邊放鹽或醬油。覺得料理的味道不夠時，可善用醋或檸檬汁的「酸味」、芥末或一味辣椒粉的「辣味」、巴西里或青紫蘇的「香氣」等來補足味道。

為了代替醬油或鹽，放醋在手邊試試看吧。可以不用擔心鹽分，又能增添食物的味道。

建議

持續提醒自己「鹽分比現在少就好」

減鹽若不能持續養成習慣，就沒有意義，所以不要勉強自己很重要。

要改變對食物味道的喜好很困難。由於鹽分和美味息息相關，所以不要一口氣就想減少到標準量，只要能比現在的用量少，然後養成習慣後慢慢減少，像這樣循序漸進，才能長久且持續。

如前所述，只要每天用心控制生活中飲食的鹽分，對預防及改善高血壓、水腫、新陳代謝疾病等，都能產生很大的作用。

每天一點一點地養成習慣，就能維持健康的身體。

減鹽讓味覺更靈敏，吃飯變得更愉快

控制了鹽分之後，一開始或許會覺得味道不夠。但只要持續就能慢慢習慣，味覺也會越來越靈敏。接著就能完整地享受食材的鮮甜及香氣，讓吃飯變得更有樂趣。

隨著年齡增長，味覺會變得遲鈍，無法避免地愛好重口味。然而，由於血管的彈性衰退，高血壓的風險提高了。為了減少高血壓的可能性，請慢慢習慣清淡口味，提升味覺的敏感度。

鹽分與減鹽Q&A

在此希望解答大家對於用鹽的問題，以及實踐減鹽生活必須注意的事項。

Q1 說到減鹽，常會聽到用鹽量、食鹽量與鈉含量，這些是指同樣的事情嗎？

A 鈉是食鹽的主要成分之一。一公克食鹽中，約含有三九〇毫克的鈉。

蔬菜或肉等食材中也含有鈉。一般會以「用鹽量」說明若將食材中的鈉含量轉換成食鹽，量會有多少。

用鹽量也可說是相當於食鹽的量，所以可以和食鹽量視為同樣的意思。

Q2 食品標示上寫的鈉含量，可直接當成用鹽量嗎？

A 如同Q1所說，鈉是食鹽的成分之一，所以在考量用鹽量時，必須計算鈉換算成食鹽時會是多少。

現在食品標示中的營養成分表，有些以食鹽相當量標示鹽分，有些則以鈉含量表示。日本在二〇二〇年將全面以食鹽相當量標示，但現在仍有只標示鈉含量的食品。

以下介紹將鈉含量換算成食鹽相當量的公式。

鈉含量（單位：毫克）× 2.54÷1000
＝用鹽量〈食鹽相當量〉（單位：公克）

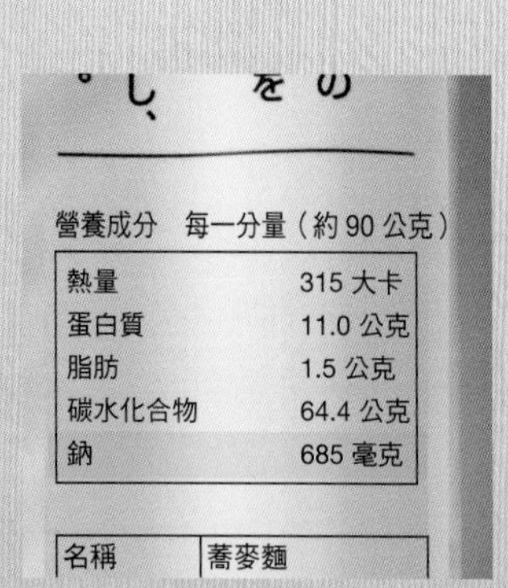

營養成分　每一分量（約 90 公克）

熱量	315 大卡
蛋白質	11.0 公克
脂肪	1.5 公克
碳水化合物	64.4 公克
鈉	685 毫克

名稱	蕎麥麵

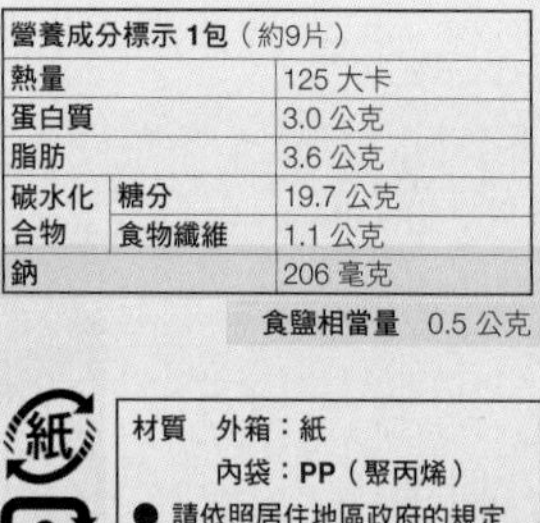

營養成分標示 1包（約9片）		
熱量		125 大卡
蛋白質		3.0 公克
脂肪		3.6 公克
碳水化合物	糖分	19.7 公克
	食物纖維	1.1 公克
鈉		206 毫克

食鹽相當量　0.5 公克

材質　外箱：紙
內袋：PP（聚丙烯）
● 請依照居住地區政府的規定回收。

Q3 粗鹽與精鹽的用鹽量有一樣嗎？

A 粗鹽與精鹽相較之下，礦物質含量稍微多了一點，所以每一百公克中鈉含量較少。因此在換算用鹽量時，粗鹽的用鹽量也較少。

減鹽時使用礦物質較多的鹽，可讓食物更美味；但也有人覺得這樣較難感受到鹹味。不過兩者其實差別不大，使用時都要注意分量。

想要突顯鹹味時建議使用精鹽。另外，因為粒子比粗鹽細，所以較能少量使用。

Q4 夏天時，可以攝取較多鹽分嗎？

A 常聽說夏天要多攝取鹽分，這是因為體內的鈉（鹽分）會隨汗一起排出體外。

然而，這是指工作或運動後大量出汗的狀況，如果日常生活中不常流汗，就不會鹽分不足。

為了預防中暑，應多喝水，而鹽分就照一般狀況攝取，或者應該說還是必須控制比較好。

Q5 如果是市售的減鹽調味料，就可以放心使用嗎？

A 「已經減鹽的調味料，就算使用和以前一樣的量，也有減鹽效果吧？」若是因為這樣想而大量使用，其實就沒有意義了。

此外，也不推薦喜好重口味的人，使用減鹽調味料來達成「味道一樣但減鹽」的飲食習慣。長久來看，若能漸漸習慣清淡的飲食，隨著年齡漸長而味覺變得遲鈍後，也較能接受減鹽飲食。

在使用減鹽調味料時，還是適量使用比較好。

Q6 如果白天攝取過多鹽分，可以晚上再減回來嗎？

A 雖然一天維持在鹽分攝取目標內，便能達成減鹽效果，但若只是為了符合加加減減的數字，是無法長久的。為了養成減鹽習慣，最好還是慢慢適應清淡的飲食。

第1章

炒物的美味減鹽

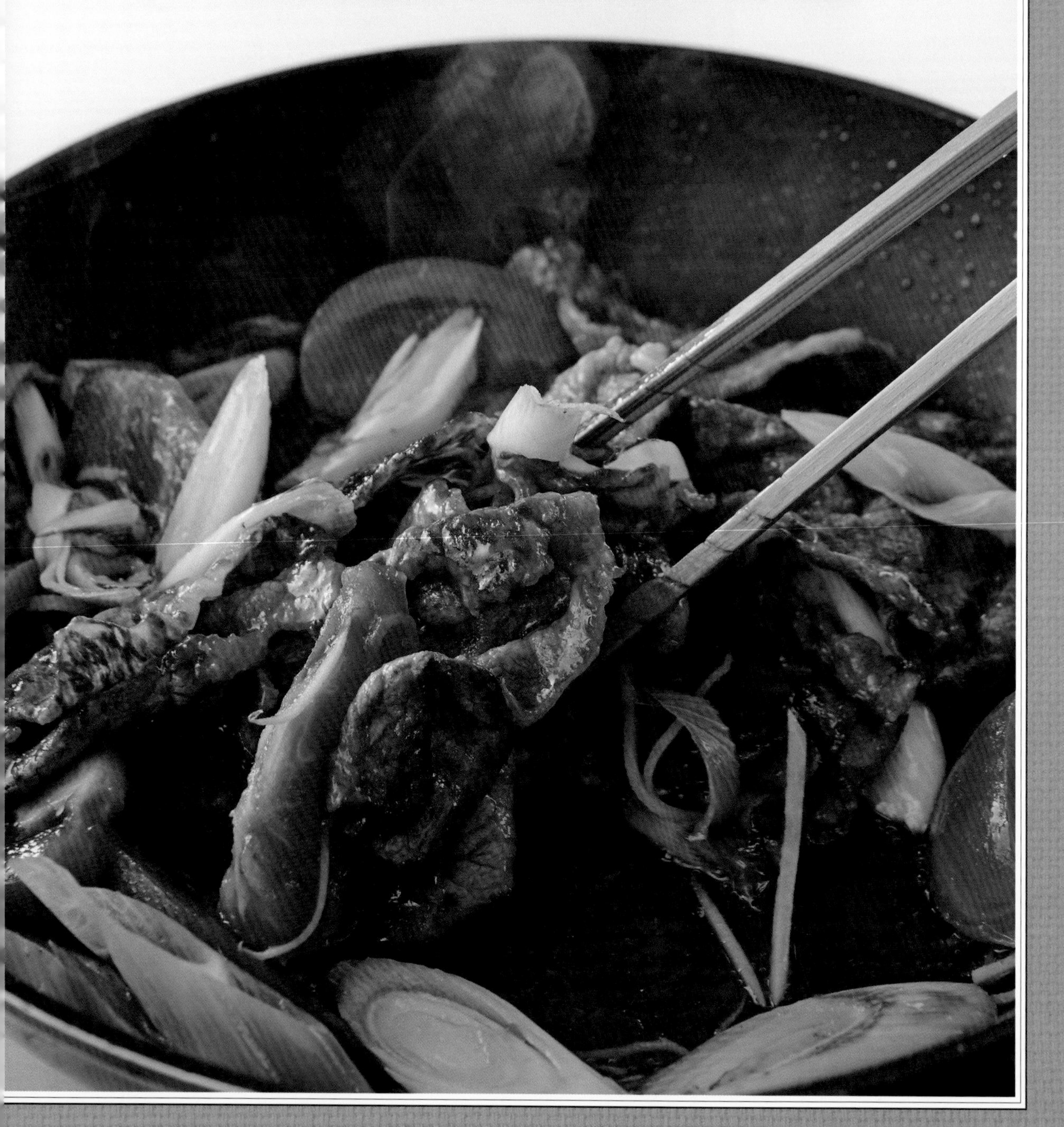

炒物
美味減鹽的
3個訣竅

訣竅1 先乾煎再炒

把食材放入平底鍋後就馬上翻動，熱氣會分散，加熱效率也不好。所以一開始先不要翻動，就這樣直接乾燒，將食材的水分引出並加溫，接著再翻炒讓水分蒸發。

待水分確實蒸發後，不僅食材的體積會變小，鮮味也會增加，這樣就能使用最少量的調味料。

訣竅2 以飽含香氣的油，搭配鮮味十足的食材

使用麻油或橄欖油等香氣十足的油脂來炒菜，不僅風味佳，也不用依賴鹹味。

此外，使用加熱後更顯鮮甜的食材，如番茄、金針菇、洋蔥等，也是控制用鹽量並可以做出美味料理的訣竅。

訣竅3 撒鹽時機是在食材水分都蒸發之後

一開始就撒鹽，不會有減鹽效果。

撒了鹽之後食材容易出水，會做出含有過多水分、甚至黏糊糊的料理。此外，從食材中跑出的水分會稀釋味道，反而更不容易感受到鹹味。

所以請記住，要在食材的水分都蒸發之後，再撒鹽！

後面內容，也有非常多美味減鹽的小技巧。

從一般做法的鹽分3.9公克變成**1.3**公克

高麗菜炒豬肉

撒鹽時機是青菜的水分都蒸發後。
這樣不僅不會濕答答，也能確實地調味！

Point

1 在肉上撒上麵粉，才能鎖住調味

肉醃好後撒上麵粉，可將調味鎖在肉中。此外，麵粉會吸收青菜的水分，炒出爽口的滋味。

2 撒鹽要在最後

一開始就撒鹽，食材容易出水，味道會變淡。另外，高麗菜不要炒太久，是使口感更好的訣竅。

食材（2人分）

豬肩里肌肉（薄切）⋯⋯ 200 公克
高麗菜 ⋯⋯ 200 公克
生香菇 ⋯⋯ 6 朵（90 公克）
● 醬油、麵粉、麻油、鹽、胡椒

• 單人熱量 334 大卡　• 料理時間 15 分鐘

1. 高麗菜切成4到5公分的四方形，香菇去掉下半部的梗，從梗開始分成4片。
2. 將豬肉切成一口大小，加入1小匙醬油，灑上2小匙麵粉（Point 1）。
3. 平底鍋倒入2小匙麻油，開中火加熱，依序放入豬肉與香菇，將高麗菜放在最上面，不要翻動直接煎2分鐘（Point 2）。
4. 使用木鏟上下翻炒1至2分鐘，等高麗菜稍微變軟後，撒上1/4小匙鹽和少許胡椒，再炒1分鐘使其入味。

試吃筆記

沒想到只是改變撒鹽時機，青菜就能炒得如此爽口好吃！豬肉和以手撕開的香菇味道完美結合，根本不會覺得這是一道減鹽料理。

（40 歲男性）

從一般做法的鹽分 2.7公克變成 1.4公克

薑汁燒肉

在肉上撒點麵粉，再裹上滿是薑味的甜辣醬汁。
最後淋上醋，和洋蔥或萵苣一起享用。

Point

1 肉片先沾油，一口氣煎好就可鎖住鮮味

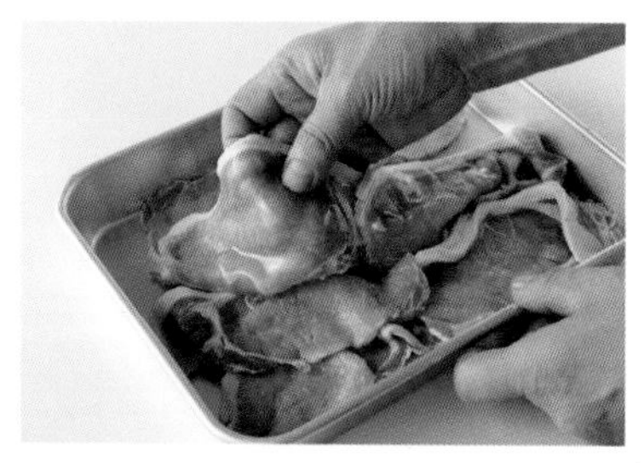

先將肉片沾油，煎肉時溫度會一口氣上升，就能將鮮美的滋味鎖在其中。

2 肉片撒上麵粉，就容易沾附醬汁

在肉的表面撒上麵粉後，醬汁容易沾附在上面。比起將麵粉均勻沾在肉片上來得簡單。

試吃筆記

薑汁濃厚的風味，味道很清爽，讓人完全感覺不到是減鹽料理。重口味的料理會讓人忍不住大口吃飯，這道菜則讓人可以吃下剛好的飯量。

（50 歲男性）

食材（2人分）

豬里肌肉（薑汁燒肉用）…… 200 公克
洋蔥 …… 1/4 顆（50 公克）
萵苣 …… 1 片（50 公克）

Ⓐ
- 生薑（磨成泥）…… 2 塊（20 公克）
- 醬油 …… 1 大匙
- 砂糖 …… 1 大匙
- 味醂 …… 1 大匙

● 沙拉油、麵粉、醋

• 單人熱量 367 大卡 • 料理時間 10 分鐘

① 洋蔥沿著纖維切成薄片，萵苣切成1公分寬，兩種食材一起用水洗淨後瀝乾，盛裝在容器中。

② 豬肉淋上2小匙沙拉油（Point 1）。

③ 以中火熱平底鍋，將步驟②的食材鋪在鍋中，均勻撒上1小匙麵粉在所有的肉片上（Point 2）。煎2到3分鐘，等肉片邊緣變白後翻面。將平底鍋中央空出，倒入混合好的食材Ⓐ，煮滾後均勻地在所有肉片上裹上醬汁。

④ 將步驟③的食材倒在步驟①的青菜上，然後撒上2小匙醋。

從一般做法的鹽分2.0公克變成**1.3公克**

薑絲醋炒番茄牛肉

重點在牛肉要先過水除去多餘油脂。
番茄的鮮味、生薑的香氣、醋的滋味，
會帶出讓人感到滿足的美味！

試吃筆記

牛肉先用熱水燙過，不僅可去除多餘油脂，吃起來還更軟嫩。這不僅是減鹽的技巧，也可說是料理的祕訣！調味恰到好處，我很喜歡這道菜！

（40歲女性）

Point

除去牛肉多餘的油脂後，更容易調味

關鍵在於牛肉要先過水，去除多餘油脂和腥味，這樣調味就更簡單了。

食材（2人分）

牛肉薄片 …… 200公克

Ⓐ
- 醬油 …… 1小匙
- 麻油 …… 1小匙

番茄 …… 1顆（200公克）

蔥 …… 1根（100公克）

生薑 …… 2塊（20公克）

Ⓑ
- 鹽 …… 1/4小匙（1.5公克）
- 醋 …… 2大匙

● 太白粉、麻油

- 單人熱量407大卡
- 料理時間20分鐘

1. 牛肉切成容易入口的薄片後，放入大碗中，注入2杯熱水，然後靜置5分鐘（Point）。瀝乾水後倒入食材Ⓐ拌勻，稍微加熱後，將1大匙太白粉均勻撒在上面。
2. 番茄去蒂後切成8等分的梳子狀。蔥斜切成1公分寬。生薑切絲。
3. 在直徑26公分的平底鍋中倒入1/2大匙麻油，開中火加熱，將牛肉平鋪放入。以中火煎1分鐘後，翻面再煎1分鐘，然後取出牛肉備用。
4. 倒入麻油1/2大匙，再均勻放入蔥和薑絲。直接用中火煎2分鐘後翻面，放入番茄，以大火煎1分鐘，再輕輕拌勻。在中央倒入食材Ⓑ，煮滾後放入步驟②的牛肉，拌勻。

從一般做法的鹽分2.0公克變成**1.0**公克

青椒堅果炒雞丁

中式料理的經典菜色，
先捶打雞肉後，
不僅肉質變得軟嫩，味道也會變得更明顯。

食材（2人分）

雞胸肉 …… 1片（200公克）

Ⓐ
- 醬油 …… 1/2小匙
- 麻油 …… 1小匙
- 太白粉 …… 2小匙

青椒 …… 2顆（60公克）
生香菇 …… 2朵（30公克）
大蒜 …… 1瓣
綜合堅果（無鹽） …… 10公克

Ⓑ
- 蠔油 …… 2小匙
- 砂糖 …… 1小匙

● 麻油

- 單人熱量288大卡
- 料理時間15分鐘

1. 雞肉以保鮮膜包住，用拳頭敲打約30下（Point）後，切成2公分塊狀，將食材Ⓐ依序倒入，事先醃漬。
2. 青椒去掉蒂頭與籽，切成2.5公分塊狀。香菇去梗之後，切成2.5公分塊狀。大蒜切成0.5公分塊狀。堅果則切半。
3. 在平底鍋中倒入1小匙的麻油，以中火加熱，平鋪放入雞肉。煎2分鐘後，翻面再煎2分鐘，接著取出備用。
4. 加入2小匙麻油後，將步驟②的食材均勻放入，直接煎2分鐘後，炒1分鐘。將步驟③的雞肉放回，於中間倒入食材Ⓑ的調味料，開大火翻炒，使味道均勻。

Point

肉的纖維打散後，更能入味

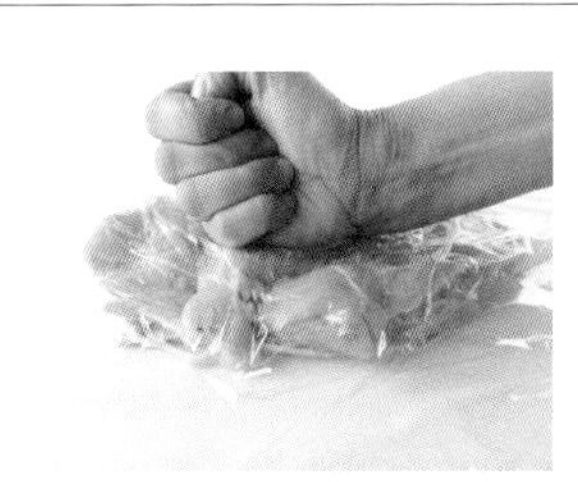

將雞胸肉纖維打散後，更容易醃漬入味。此外，肉變軟，口感也會變更好，就算清淡的調味，也能吃得很滿足。

試吃筆記

雞胸肉容易變得乾柴，一不小心就會過度調味，原來只要將肉的纖維打散，就可以變得柔軟，就算調味清淡，也很好吃呢！
（40歲女性）

鹽分
1.0公克
※這道料理沒有比較對象

咖哩肉末炒豆芽

豆芽菜先均勻撒鹽，加熱時就不會跑出多餘水分。
這樣不會炒得濕答答，也不必用太多調味料。

食材（2人分）

豬絞肉 …… 100 公克
黃豆芽 …… 1 袋（200 公克）

Ⓐ
- 咖哩粉 …… 1/2 小匙
- 砂糖 …… 1 小匙
- 醬油 …… 1/2 小匙

● 鹽

• 單人熱量 141 大卡
• 料理時間 15 分鐘

1. 將豆芽菜泡在大量水中，約5分鐘後，撈起以紙巾拭乾水分。放入大碗中，均勻撒上1/4小匙鹽。
2. 以中火加熱平底鍋，不放油，直接將豬絞肉均勻放入鍋中。煎2分鐘後翻面，然後以紙巾擦掉多餘的油脂及水分（Point）。
3. 將豆芽菜平鋪在平底鍋中，以鍋鏟稍微輕壓，並用中火煎2分鐘。
4. 倒入食材Ⓐ，炒1到2分鐘，使其均勻入味。

Point

除去絞肉的水分及油脂後再調味

絞肉不加油直接加熱，可逼出多餘水分和油脂，用紙巾擦掉後再調味，就可用少量調味料做出好吃的料理。

試吃筆記

黃豆芽清脆好吃，吃起來不會水水的，是因為事先撒了鹽再加熱的關係吧！因為豆芽的口感很好，再加上是咖哩風味，根本不會注意到是減鹽料理。

（50 歲男性）

炒金平

從一般做法的鹽分1.3公克變成**0.5**公克

也可當做常備菜！放在冰箱可保存**5**天

只有牛蒡和金針菇也能炒得香氣十足。最後淋上麻油，風味更佳。

食材（4人分）

牛蒡 …… 1根（150公克）
紅蘿蔔 …… 1/4根（40公克）
金針菇 …… 50公克

Ⓐ
- 味醂 …… 3大匙
- 水 …… 1大匙
- 鹽 …… 半撮（0.3公克）
- 紅辣椒（去籽後切細）…… 1/2顆

● 麻油、醬油

- 單人熱量95大卡
- 料理時間15分鐘

① 以刀背削去牛蒡皮，切成細片後，浸泡在水中5分鐘，撈起以紙巾擦乾水分。紅蘿蔔切絲，金針菇切掉根部，並切成一半的長度。

② 平底鍋中倒入1大匙麻油，以中火加熱，平均放入牛蒡、金針菇，先不要翻動直接煎2分鐘。翻炒3到4分鐘，加入紅蘿蔔後再稍微拌炒。

③ 離火後，將攪拌均勻的食材Ⓐ以繞圈方式倒入鍋中，再開中火拌炒，到水分收乾為止。倒入2小匙醬油、少許麻油後，煮1分鐘使其入味。

茄子炒青椒

從一般做法的鹽分1.2公克變成**0.6**公克

也可當做常備菜！放在冰箱可保存**5**天

茄子切成不規則狀，並用鹽水先浸過，逼出多餘水分後，就更容易入味了。

食材（4人分）

茄子 …… 3顆（240公克）
青椒 …… 1顆（30公克）
生薑 …… 1/2塊（5公克）

Ⓐ
- 鹽 …… 1/4小匙（1.5公克）
- 水 …… 4大匙

Ⓑ
- 醬油、味噌 …… 各1小匙
- 砂糖 …… 2小匙
- 水 …… 1大匙

● 麻油

- 單人熱量53大卡
- 料理時間15分鐘（註）

（註）不包含將茄子浸泡在鹽水中的時間。

① 茄子去掉蒂頭後，一顆切成7到8等分不規則狀。將攪拌均勻的食材Ⓐ倒在茄子上放置約20分鐘，再用手輕輕擰乾鹽水。

② 青椒去蒂、去籽，切成小片的不規則狀。生薑切絲。將食材Ⓑ先攪拌均勻。

③ 倒入1大匙麻油到平底鍋中，以中火加熱，將步驟①的食材平均放入，然後撒上薑絲。不要攪動直接煎3分鐘，倒入青椒後翻炒2到3分鐘。

④ 將攪拌均勻的食材Ⓑ繞圈倒入鍋中，拌炒1到2分鐘讓水分蒸發。

食材（2人分）
豬肉片 …… 200 公克
洋蔥 …… （小）1 顆（150 公克）
青蔥（細切）
…… 2 根（10 公克）
● 麵粉、沙拉油、番茄醬、美乃滋、胡椒
• 單人熱量 374 大卡
• 料理時間 15 分鐘

1. 將洋蔥切成10等分梳子狀。
2. 豬肉切成容易入口的大小，撒上1小匙麵粉。
3. 倒入1/2大匙沙拉油到平底鍋中，開中火加熱，將洋蔥平均放入，煎2分鐘。均勻放入豬肉後，再煎2分鐘。待洋蔥變色後，拌炒1到2分鐘。
4. 加入2大匙番茄醬，醬汁快炒乾時，加入1大匙美乃滋（Point）及少許胡椒後，馬上熄火。裝到盤子中，撒上蔥花。

從一般做法的鹽分 1.1公克變成 0.7公克

番茄美乃滋炒洋蔥豬

番茄醬和美乃滋的酸味是減鹽的好幫手。徹底加熱洋蔥，使其釋出甜味是關鍵。

Point
先加番茄醬，等水分收乾後再加入美乃滋

先加番茄醬，等水分收乾後味道會變濃厚。之後再加入美乃滋，就能感受到濃醇的滋味。

試吃筆記

我最喜歡番茄醬和美乃滋的味道了。可以用來做減鹽料理，真是太令人高興了。這也是我第一次知道，原來加入調味料的時機，可以改變料理的滋味。
（40 歲男性）

鹽分 **0.6** 公克
※這道料理沒有比較對象

蘆筍燴豆腐

不易入味的豆腐，要盡量去除水分，再使用有勾芡的調味汁。

食材（2人分）

嫩豆腐 …… 1 塊（300 公克）
綠蘆筍 …… 2 根（50 公克）
豬絞肉 …… 50 公克

Ⓐ
- 醬油 …… 2 小匙
- 水 …… 3 大匙
- 太白粉 …… 2 小匙
- 胡椒 …… 少許

麻油

- 單人熱量 142 大卡
- 料理時間 10 分鐘

1. 蘆筍斜切成1公分寬。
2. 倒入1大匙麻油到平底鍋中，以中火加熱，均勻放入絞肉、蘆筍，不要攪動，直接煎1分30秒。
3. 邊撥鬆絞肉，邊拌炒1分鐘，以湯匙將豆腐大塊大塊地舀入鍋中。大幅拌炒約1分鐘到收乾水分。
4. 將食材Ⓐ混合均勻，以繞圈方式倒入，一邊輕輕攪拌，一邊煮約30秒，等到醬汁變濃稠即可。

從一般做法的鹽分 1.6公克變成 **0.8** 公克

炒青江菜

加入蒜頭後更增添美味與香氣。在調味料中加入太白粉水勾芡，就能徹底入味。

食材（2人分）

青江菜 …… 2 棵（200 公克）
蒜頭 …… 1 瓣

Ⓐ
- 醬油 …… 1/2 大匙
- 酒 …… 1 大匙
- 水 …… 2 大匙
- 胡椒 …… 少許
- 太白粉 …… 1/2 小匙

麻油

- 單人熱量 85 大卡
- 料理時間 10 分鐘

1. 青江菜切成2到3段，梗不要切掉，縱切成4到6等分。蒜頭切成0.5公分塊狀。
2. 平底鍋中倒入1大匙麻油，以中火加熱，均勻放入蒜頭、青江菜梗，將葉子直接覆蓋其上，不要攪動，煎2分鐘。
3. 以木杓拌炒1分鐘，將中央空出來，食材Ⓐ攪拌後輕輕注入，煮滾後均勻翻動青江菜，加熱約1分鐘。

從一般做法的鹽分3.4公克變成**2.0**公克

麻婆豆腐

用絞肉油脂炒充滿香氣的
蔬菜會更美味！
加了醋後，不但可減鹽，
味道也會更醇厚。

食材（2人分）

嫩豆腐 …… 1塊（300公克）
豬絞肉 …… 150公克
生薑（切碎）
…… 1塊（10公克）
大蒜（切碎） …… 1瓣
豆瓣醬 …… 1/2小匙
青蔥（切粗絲）
…… 1/3根（30公克）
Ⓐ
- 醬油、砂糖、麻油 …… 各2小匙
- 太白粉 …… 1小匙
- 醋 …… 2大匙

萵苣 …… 2到3片（100公克）
● 味噌、醋
- 單人熱量343大卡
- 料理時間20分鐘

① 豆腐切成2公分大小。食材Ⓐ先混合並攪拌均勻。
② 絞肉均勻放在平底鍋中，不要翻動，以中火煎5分鐘。等逼出油脂後，翻炒1分鐘待肉變色，然後依序加入生薑、蒜頭、豆瓣醬及2小匙味噌，再炒3分鐘。
③ 放入蔥後大致翻炒一下，中間空一個洞，再一次拌勻食材Ⓐ後，倒入（Point）。煮滾後加入豆腐，一邊晃動平底鍋，一邊用中火煮3分鐘以勾芡。最後加入1小匙醋，並稍微拌勻。
④ 萵苣撕成一口大小，放在盤子中，再將步驟③的食材盛裝其上。

Point

加熱後醋的酸味會揮發，增加醇厚的口感

醋的酸味稍微揮發後，就會增加醇厚滋味，就算鹽分少味道卻很一致。所以要將加了醋的調味汁，倒入平底鍋中煮滾。

試吃筆記

因為顏色很淡，所以會想著這是麻婆豆腐嗎？但吃了之後發現味道很夠，讓人想加在飯上大口吃。酸味很溫和，肉和豆腐也搭配得恰到好處。
（40歲男性）

從一般做法的鹽分2.2公克變成1.4公克

青椒炒肉絲

牛肉先調味，
料理時就算減鹽，也很夠味！

Point

肉先醃漬，就能減少整體的鹽分

牛肉確實醃漬入味後，就算整道料理減鹽，也不會覺得味道不夠。

試吃筆記

可以確實吃到肉的鮮甜，青椒和香菇的味道也很突顯。與其吃調味料的味道，這道料理更讓人能食欲大增，白飯一口接著一口！
（50歲男性）

食材（2人分）

牛腿肉（烤肉用）…… 150公克

Ⓐ
- 醬油 …… 1/2 小匙
- 砂糖、麻油、太白粉 …… 各 1 小匙

青椒 …… 3 顆（90 公克）
生香菇 …… 3 朵（45 公克）
生薑（切粗絲）…… 1 塊（10 公克）

Ⓑ
- 蠔油 …… 1 小匙
- 鹽 …… 1/4 小匙（1.5 公克）
- 味醂 …… 1 大匙

● 麻油、醋

- 單人熱量 262 大卡
- 料理時間 20 分鐘

① 牛肉切成0.5公分寬，將食材Ⓐ依序倒入，充分拌勻後醃10分鐘（Point）。青椒斜切成0.5公分寬，香菇去梗後切薄片。

② 倒入1/2大匙麻油到平底鍋中，以中火加熱，牛肉連同醃汁一起平均地倒入鍋中。不要翻動先煎1分鐘，再翻炒1分鐘。待肉變色後取出備用。

③ 將平底鍋清洗乾淨後，倒入1/2大匙麻油，以中火加熱，放入青椒、香菇後再加熱2分鐘。上下翻動後，加入生薑，炒1至2分鐘直到變軟。

④ 將混合均勻的食材Ⓑ加入步驟③的食材中輕輕翻炒，再放入步驟②食材後開大火，加入1/2小匙的醋後，翻炒均勻就完成了。

乾燒蝦仁

不用番茄醬，而是用新鮮番茄煮成醬汁。鮮甜濃郁，少鹽也能煮出好味道。

從一般做法的鹽分4.6公克變成**1.5**公克

食材（2人分）

蝦（去頭／帶殼）…… 10 到 12 隻（淨重約 180 公克）

Ⓐ
- 鹽 …… 半撮（0.3 公克）
- 麻油 …… 1 小匙

杏鮑菇 …… 1 根

Ⓑ
- 番茄 …… 1 顆（淨重約 200 公克）
- 醋 …… 2 大匙
- 砂糖 …… 1 大匙
- 豆瓣醬 …… 1/2 小匙

蒜頭（磨泥）…… 1 瓣

萵苣（切細）…… 2 到 3 片（100 公克）

● 太白粉、沙拉油、鹽、麻油

• 單人熱量 254 大卡

• 料理時間 20 分鐘

① 蝦子去殼，背切開去掉泥腸。撒上2大匙太白粉並搓揉1分鐘，快速用水洗過後擦乾水分。倒入食材Ⓐ拌勻，然後撒上2大匙太白粉。

② 將杏鮑菇切成1公分厚圓片。將食材Ⓑ的番茄去蒂，切成2公分塊狀。

③ 倒入1大匙沙拉油到平底鍋中，以中火加熱，放入步驟①的食材、杏鮑菇，各煎1分鐘，在蝦子還很有彈性時起鍋。

④ 平底鍋中倒入食材Ⓑ，攪拌均勻並以大火煮5分鐘直到沸騰（Point）。變濃稠後加入1/4小匙鹽、1小匙麻油，攪拌均勻，再倒入步驟③的食材，整體拌勻。將萵苣鋪在盤子中，拌勻的食材則倒在上面並盛盤。

Point

活用番茄的美味

番茄的種子旁飽含麩胺酸，這種成分只要加熱，就會變美味。因為番茄醬含鹽，所以請使用生鮮番茄。

從一般做法的鹽分3.9公克變成**1.8**公克

回鍋肉

除去豬肉多餘的油脂，用少量調味料也能確實入味。青菜先泡過鹽水，整體用鹽量就能一口氣減少。

食材（2人分）

豬五花肉（薄片） …… 150公克
高麗菜 …… 4到5片（淨重200公克）
青椒 …… 2顆（60公克）
生薑 …… 1塊（10公克）

Ⓐ
- 鹽 …… 1/2小匙（3公克）
- 水 …… 3大匙

Ⓑ
- 味噌 …… 2小匙
- 砂糖 …… 1小匙
- 豆瓣醬 …… 1/2小匙
- 水 …… 1大匙

● 麻油

- 單人熱量311大卡
- 料理時間15分鐘（註）

（註）不包含青菜浸泡鹽水的時間。

① 將高麗菜切成4到5公分四方形。青椒先剖半後，去蒂、去籽，斜切成1公分寬。生薑切絲。

② 將步驟①的食材放入大碗中，倒入攪拌均勻的食材Ⓐ，浸泡20分鐘，再確實瀝乾。

③ 豬肉切成0.6公分寬，放入熱水中燙5分鐘以除去多餘油脂，取出並瀝乾水分。

④ 平底鍋中倒入1小匙麻油，以中火加熱，將步驟③的食材平均放入鍋中，煎2分鐘。以紙巾將逼出的油脂擦掉。上下翻面，中央空出並倒入步驟②的食材，以較大的火加熱。用鍋鏟壓邊煎約2分鐘，接著再翻炒1分鐘。

⑤ 將食材Ⓑ攪拌均勻後，繞圈倒入，以大火炒至水分收乾即可。

從一般做法的鹽分1.9公克變成
1.0公克

鹹派風蛋包

青菜要確實炒出鮮甜滋味。
只要將雞蛋料理得鬆軟，味道淡一點也很好吃。

Point

1 馬鈴薯確實炒出美味

花時間炒馬鈴薯，可以引出香氣及美味，讓整體味道更有深度。

2 把蛋炒得柔軟嫩滑，更容易嘗出味道

炒好的馬鈴薯含有熱度，可讓蛋汁更快熟透，並炒得很軟嫩。好的口感也是美味的關鍵之一。

試吃筆記

可以確實吃到馬鈴薯的美味，因此根本感覺不出是減鹽料理。蛋很柔嫩，所以調味清淡也很好吃。我現在才知道原來口感那麼重要。

（40歲男性）

食材（3人分）

蛋 …… 4顆
馬鈴薯 …… 2顆（淨重200公克）
洋蔥 …… 1/2顆（100公克）
培根 …… 2片（40公克）
菊苣 …… 適量
● 橄欖油、鹽

• 單人熱量291大卡　• 料理時間20分鐘

1. 馬鈴薯去皮後切成2公分塊狀，稍微泡一下水。均勻放在耐熱容器中，以微波爐（600W）加熱3分鐘。稍微放涼後，用紙巾擦乾水分。
2. 洋蔥切薄片，培根切成1公分寬。
3. 在直徑20公分的平底鍋中，倒入2大匙橄欖油，並以中火加熱，放入步驟①的食材。先不要翻動，煎2分鐘，再翻炒2分鐘（Point 1）。撒上1/4小匙鹽，加入步驟②的食材後，再拌炒3分鐘。
4. 料理前再把蛋黃攪散，以切拌方式混合蛋白，再以繞圈的方式倒入步驟③的食材中。等邊緣凝固後，鍋鏟以畫圓方式攪拌約10次（Point 2）。
5. 將蛋整理成比平底鍋略小一圈的圓型後，加熱1分鐘。翻面後，一邊塑形，一邊以小火加熱2到3分鐘，盛在容器中。如果有菊苣就切成容易食用的大小放上。

中式青蔥海帶炒蛋

鹽分
1.0公克
※這道料理沒有比較對象

黏黏的蔥和海帶
炒過後能產生香氣。
只有蛋要調味，
做成半熟蛋，就能吃到甜味。

食材（2人分）

蔥 …… 1根（100公克）
乾海帶芽 …… 8公克
蛋 …… 1顆

Ⓐ
- 醬油 …… 1/2大匙
- 砂糖 …… 1/2小匙
- 胡椒 …… 適量

● 麻油

- 單人熱量122大卡
- 料理時間8分鐘（註）

（註）不含泡發海帶的時間

1. 蔥先縱切一半後，再斜切成0.5公分寬。以2杯水泡發海帶芽5分鐘，然後瀝乾。
2. 料理前再打蛋，加入食材Ⓐ後攪拌均勻。
3. 倒入1大匙麻油到平底鍋中，以中火加熱，將蔥均勻放入，再放上海帶芽。先不要翻動，煎2分鐘，再翻炒1到2分鐘（Point）。
4. 開大火，繞圈倒入步驟②的食材，熄火後好好攪拌，蛋炒至半熟狀態即可。

Point

炒乾不僅能產生香氣，水分散失後更容易入味

蔥和海帶要先一起乾炒。這樣不僅可炒出香氣，確實炒乾後，也更容易入味。

從一般做法的鹽分1.2公克變成 **0.6公克**

香炒番茄蛋

在蛋汁中加入美乃滋，
就能料理得鬆軟柔嫩，
也能吃出番茄的酸味及巴西里的香氣。

食材（2人分）

蛋 …… 3顆
小番茄 …… 3顆（45公克）
巴西里（切碎） …… 3大匙
● 美乃滋、胡椒、沙拉油
• 單人熱量236大卡
• 料理時間20分鐘

1. 小番茄去蒂，縱切成4塊。
2. 料理前再將蛋黃攪散，並以切拌方式混合蛋白，再加入2大匙美乃滋、少許胡椒後，稍微攪拌一下。
3. 倒入2小匙沙拉油到平底鍋中，以中火加熱，加入2大匙巴西里炒1分鐘。
4. 聞到香氣後，倒入步驟②的食材。以稍大的火加熱30秒，等邊緣凝固後，熄火攪拌30秒，將蛋炒至半熟狀態即可。加入小番茄稍微攪拌，盛在容器中。再撒上1大匙巴西里。

試吃筆記

調味不是只有鹽。巴西里的香氣與番茄的鮮味，也和蛋很搭配，所以就算減鹽也很美味。想把這道料理納入我固定的早餐菜單中。

（40歲女性）

萵苣蝦仁炒飯

如果飯結成塊，味道就不一致了。
所以要以「乾爽鬆軟」為目標。

食材（2人分）

蝦仁 …… 100 公克
萵苣 …… 1 到 2 片（50 公克）
飯（放涼）…… 300 公克
蛋汁 …… 1 顆分
蔥（切絲）…… 1/2 根（50 公克）
生薑（切絲）…… 1 塊（10 公克）
● 鹽、麻油、醬油

- 單人熱量 428 大卡
- 料理時間 15 分鐘

1. 在大碗中放入飯、蛋汁、1/4小匙鹽，攪拌均勻（Point）。
2. 將蝦仁迅速用水沖過，縱切成一半。
3. 倒入1/2大匙麻油到直徑26公分的平底鍋中，以中火加熱，均勻放入蝦仁、蔥、生薑。直接煎1分鐘不要翻動，再翻炒1分鐘後，取出備用。
4. 在步驟③的平底鍋中倒入1大匙麻油，將步驟①的食材平均放入後，再放上步驟③的食材，加熱1分鐘。接著反覆「炒30秒，放著加熱30秒」的步驟，約3到4分鐘。
5. 將萵苣撕開放入鍋中稍微拌勻，空出平底鍋中間，倒入1/2大匙醬油，然後再炒勻，增添香氣。

Point 飯要粒粒裹上蛋和鹽

將白飯先和蛋汁、鹽拌勻，蛋就會裹在一粒粒的飯上，整體鹹味也會很平均。重複加熱和翻炒就能很乾爽，味道也會很明顯。

從一般做法的鹽分4.9公克變成 **2.1** 公克

鹽燒日式炒麵

將中華麵先泡過鹽水。
再加上櫻花蝦的香氣、青蔥的鮮美，
減鹽就不會勉強了。

食材（2人分）

中華麵（蒸／炒用）…… 2 球

Ⓐ
- 鹽 …… 2 撮（1 公克）
- 水 …… 1 大匙

青蔥 …… 1 根（100 公克）

韭菜 …… 50 公克

櫻花蝦 …… 10 公克

Ⓑ
- 鹽 …… 1/4 小匙（1.5 公克）
- 水 …… 1 大匙

柴魚片 …… 3 公克

● 麻油、胡椒

- 單人熱量 439 大卡
- 料理時間 10 分鐘

① 用菜刀將中華麵一球切成4分，泡在拌勻的食材Ⓐ中（Point）。

② 將蔥斜切成薄片。韭菜切成6公分長。

③ 倒入1大匙麻油到平底鍋中，以中火加熱，依序平均放入櫻花蝦、步驟②食材、步驟①食材。不要翻動，直接加熱2到3分鐘，再倒入拌勻的食材Ⓑ，邊撥鬆邊拌炒3分鐘。

④ 加入一半的柴魚片與少許胡椒，然後拌勻。盛盤後，再撒上剩下的柴魚片。

中華麵切短，再泡鹽水

將中華麵切短，確實泡過鹽水。這樣麵會有鹹味，再挑選櫻花蝦、韭菜等有香氣的食材，就算減鹽也能很美味。

試吃筆記

櫻花蝦的香氣是很棒的點綴。雖然和醬汁炒麵不一樣，但這道炒麵的味道很樸實，也相當好吃。

（40 歲男性）

第 2 章

煮物的美味減鹽

煮物美味減鹽的3個訣竅

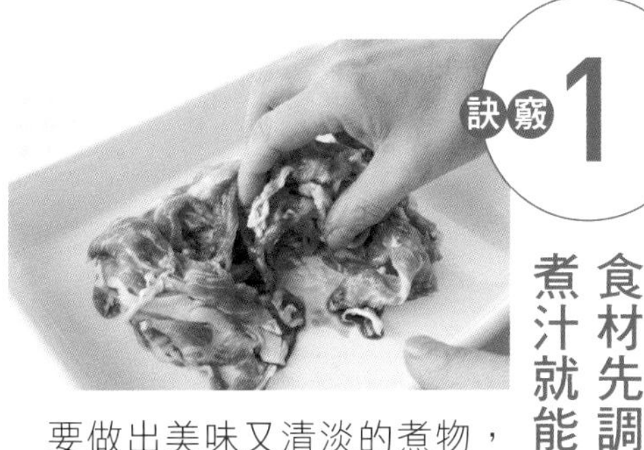

訣竅1 食材先調味，煮汁就能更清淡

要做出美味又清淡的煮物，祕訣是食材要先調味。尤其是鮮味明顯的肉和魚，只要先調味，就算煮汁清淡，也不必擔心沒辦法入味。

此外，比起只用燉煮入味，先調味也能縮短烹調的時間。

訣竅2 事先去除食材多餘的油脂和雜味

是否先去除肉和魚的多餘油脂及雜味很重要。油脂使人不易嘗到味道，雜味則需要重一點的調味才能蓋過，因此就得使用更多調味料。

只要浸泡在熱水中，或是澆過醋水或鹽水，去除多餘的油脂和雜味，就能將調味料用量降到最低，減少整體的鹽分。

訣竅3 使用少量煮汁，減少全體的鹽分

使用少量煮汁燉煮時，要將煮汁一邊澆在所有食材上一邊燉煮，為了讓所有食材都浸泡在煮汁中，可用沾濕的紙巾（不織布）做成落蓋（註：直接放在食材上的小鍋蓋，日式料理常用，幫助食物湯汁少也能順利入味，並避免水分快速蒸發。另一方面，由於水分能適度蒸發，食物不容易軟爛），就可以輕鬆完美地燉煮了。

此外，控制食材的水分也是重點。先炒過食材，收乾水分後再加入煮汁，等煮汁再次收乾後，美味自然也會聚集於食材上整體入味。

後面內容，也有非常多美味減鹽的小技巧。

從一般做法的鹽分2.7公克變成 **1.5公克**

馬鈴薯燉肉

馬鈴薯徹底炒過，在水分都揮發後就很容易入味。
小番茄則是味道與顏色的點綴。

Point

1 事先調味，清淡的煮汁也很夠味

肉先徹底裹上醬油和砂糖，就能入味。煮物常用味醂來增加甜味，但如果想要甜味更突顯，直接使用砂糖效果會更好。

2 從馬鈴薯開始炒，收乾水分

在加入煮汁前，先將食材徹底炒過，讓多餘的水分蒸發，之後再燉煮會更容易入味。祕訣是從不容易熟透的馬鈴薯開始炒。

試吃筆記

雖然料理的顏色看起來很淡，但確實有入味，不會想另外再加調味料。比起一般的馬鈴薯燉肉，更能嘗出食材真實的味道。

（30歲男性）

食材（3人分）

豬肉片 …… 150公克
馬鈴薯 …… 3顆（淨重350公克）
Ⓐ 醬油 …… 1/2大匙
　 砂糖 …… 1/2大匙
洋蔥 …… 1/2顆（100公克）
小番茄 …… 4顆（60公克）
Ⓑ 味醂 …… 2大匙
　 鹽 …… 1/2小匙（3公克）
水菜 …… 適量
● 沙拉油

• 單人熱量308大卡　• 料理時間35分鐘

① 如果豬肉太大塊就切成一半，浸泡在食材Ⓐ中（Point 1）。

② 馬鈴薯去皮，1顆切成4等分，浸泡在水中5分鐘，然後瀝乾。

③ 洋蔥切成6等分的梳子狀，再橫切成一半。小番茄去蒂，縱切成一半。

④ 放1大匙沙拉油到鍋中，以中火加熱，依序放入馬鈴薯、洋蔥之後，先炒3分鐘（Point 2）。食材都裹上油後，加入食材Ⓑ，再炒2分鐘。

⑤ 注入3/4杯水，煮滾。若出現浮渣就撈掉。均勻放入步驟①的肉片，再放入小番茄。接著放上以沾濕紙巾（不織布）做成的落蓋，以小火燉煮10到12分鐘。

⑥ 熄火，直接悶蒸10分鐘。取出落蓋後上下翻攪一下。盛盤後就完成了，如果有水菜就切成5公分長，再撒上。

從一般做法的鹽分2.3公克變成

1.2公克

白蘿蔔燉照燒雞肉

雞肉除去多餘油脂，煎出香氣！
煮汁中加了醋和咖哩粉，味道更濃郁。

食材（3人分）

雞腿肉 …… 1片（250公克）
白蘿蔔 註 …… 400公克（淨重350公克）
生香菇 …… 4朵（60公克）

Ⓐ
- 水 …… 1/2杯
- 味醂 …… 2大匙
- 醬油 …… 2小匙
- 醋 …… 1大匙
- 咖哩粉 …… 1小匙

● 鹽、麵粉、沙拉油
- 單人熱量260大卡
- 料理時間40分鐘

註 蘿蔔葉可用來裝飾，但沒有也沒關係。

① 白蘿蔔縱切4等分後，再切成一口大小的不規則狀。如果有葉子，就切成5公分長。香菇去掉下半部梗，縱切成半。

② 在鍋中煮大量熱水，將步驟①白蘿蔔葉以外的食材放入煮2分鐘後，冷卻並瀝乾水分（Point）。撒上1/4小匙的鹽。

③ 雞肉除去多餘油脂後切成8等分，將1大匙麵粉薄薄撒在所有雞肉上。

④ 倒入2小匙沙拉油到平底鍋中，並以中火加熱，將步驟③的食材排在鍋子中，兩面各煎2分鐘。加入步驟②的食材後稍微炒一下，再加入混合好的食材Ⓐ。

⑤ 以中火煮滾後，放上以沾濕紙巾（不織布）做成的落蓋，再蓋上鍋蓋，以小火燉煮15分鐘（中途要將鍋蓋及落蓋拿下，上下稍微拌勻）。

⑥ 熄火，直接這樣悶蒸10分鐘。盛盤，以稍微燙過的白蘿蔔葉裝飾。

Point

燙好的青菜要確實瀝乾

將先燙好的白蘿蔔和香菇，放在濾網上瀝乾，等冷卻及表面水分乾了後再撒鹽。因為表面的水分都蒸發了，鹽分更容易滲入。

也可當做常備菜！
放在冰箱
可保存
5天

牛蒡佃煮牛肉

和金針菇一起，就能煮出黏稠感並裹上味道。
牛肉先處理過才容易入味。

食材（3人分）

牛肉（註）…… 150公克

Ⓐ
- 醬油 …… 1大匙
- 砂糖 …… 1大匙

牛蒡 …… 100公克

金針菇 …… 50公克

青紫蘇 …… 適量

生薑（切絲）
…… 1塊（10公克）

● 味醂、醬油

• 單人熱量200大卡

• 料理時間20分鐘

（註）使用肩里肌肉。

試吃筆記

味道十足，讓人懷疑：「這真的是減鹽料理嗎？」就算起鍋前不加醬油，也讓人吃得很滿足。可以吃到金針菇的鮮味，感覺這會成為我家餐桌上常出現的一道料理。

（40歲女性）

① 鍋中倒入3杯水，煮滾後馬上熄火，放入牛肉。以筷子攪拌，等到牛肉變色，立刻取出瀝乾。如果太大塊就切成容易入口的大小。

② 在大碗中放入步驟①的食材，倒入食材Ⓐ後仔細搓揉入味。

③ 以刀背削去牛蒡皮，削成細片後，浸泡在水中5分鐘。金針菇切掉根部，切成2公分長。青紫蘇先縱切成半，再橫切成絲。

④ 在鍋中平均放入牛蒡，開中火，先不要翻動，直接煎1到2分鐘，接著再炒1到2分鐘。加入步驟②的食材、金針菇、2/3杯水、1大匙味醂，以中火煮滾。如果有浮渣就撈掉。轉小火，不蓋鍋蓋燉煮10分鐘。

⑤ 加入生薑，煮至變軟。為了增添風味，可在起鍋前滴1到2滴醬油。盛盤，並放上青紫蘇。

食材（2人分）

Ⓐ
- 雞絞肉 …… 150 公克
- 蛋 …… 1 顆
- 麵粉 …… 1 大匙
- 鹽 …… 2 撮（1 公克）

白蘿蔔 …… 150 公克

Ⓑ
- 水 …… 1 杯
- 鹽 …… 1/4 小匙（1.5 公克）
- 醬油 …… 1 小匙

青蔥（切細） …… 適量

芥末 …… 適量

- 單人熱量 250 大卡
- 料理時間 15 分鐘

① 在大碗中放入食材Ⓐ，用湯匙攪拌1分鐘。

② 將白蘿蔔磨成泥，稍微擰乾水分。

③ 在直徑18到20公分的鍋中放入食材Ⓑ，以中火煮滾後，用湯匙將步驟①的食材分成6等分，舀入鍋中（Point）。再次煮滾，撈掉浮渣，加入步驟②的食材後，再煮4到5分鐘。盛盤，撒上蔥花，並加上芥末。

從一般做法的鹽分 2.4公克變成 **1.5公克**

［以吃進煮汁70%計算］

白蘿蔔泥燉雞肉丸

在嘴裡輕輕化開的丸子，
少鹽才能吃出真正的美味。

Point

用柔軟肉餡做出鬆軟的肉丸子

如果不用湯匙就無法成形，這樣柔軟的肉丸子吃起來口感才會柔滑。減鹽料理如果在口中咀嚼的次數多了，就會越發覺得味道很淡。所以柔軟的口感也很重要。

試吃筆記

肉丸子很柔軟，而吸附了煮汁的白蘿蔔泥和芥末一起吃，更是絕品美味。與其説是減鹽料理，更像是高雅的一品料理。

（40 歲女性）

從一般
做法的鹽分
3.0公克變成
1.4公克

奶油燉煮香菇雞肉

金針菇先炒過，蒜頭味道會更突顯。
以乳製品為基底的煮物，
少量鹽分就能煮出好味道。

Point

加上牛奶，就算少鹽，也很有味道

炒出香菇、金針菇的香味及鮮味後，再倒入加了鹽與水的牛奶。只要少量鹽分，就會有好滋味。

食材（2人分）

雞腿肉 …… 1片（200公克）
生香菇 …… 3朵（45公克）
金針菇 …… 100公克
蒜頭 …… 1瓣

Ⓐ
- 鹽 …… 1/4小匙（1.5公克）
- 牛奶 …… 1杯
- 水 …… 1/4杯

生菜 …… 適量

● 鹽、沙拉油、奶油、麵粉

• 單人熱量300大卡
• 料理時間20分鐘

1. 雞肉除去多餘油脂，去筋後切成3公分塊狀，並撒上1撮鹽。
2. 香菇去梗後切成薄片，金針菇去根後對半切。蒜頭則切小塊。
3. 倒入1小匙沙拉油到平底鍋內，以中火加熱，先煎雞皮那一面。再均勻放入蒜頭、香菇、金針菇，直接煎2到3分鐘，不要翻動，再炒1分鐘。
4. 加入奶油10公克，裹在所有食材上，加入2大匙麵粉後再炒2分鐘。熄火，慢慢加入攪拌均勻的食材Ⓐ，以橡膠鍋鏟邊攪拌，邊煮軟所有食材（Point）。再開中火，燉煮5分鐘。
5. 盛盤，放上生菜。

醋味噌煮鯖魚

加了醋之後，可以抑制魚腥味，就算肥美的鯖魚，吃起來也很爽口。

從一般做法的鹽分 **3.7**公克變成

2.3 公克

〔以吃進煮汁70%計算〕

食材（2人分）

鯖魚 …… 2 塊（200 公克）

Ⓐ
- 醋 …… 1 小匙
- 水 …… 1 大匙

蔥（斜切成薄片） …… 1/3 根（30 公克）

生薑（切絲） …… 1 塊（10 公克）

Ⓑ
- 水 …… 1/3 杯
- 醋 …… 3 大匙
- 味醂 …… 1/2 杯
- 醬油 …… 1小 匙

● 味噌

- 單人熱量 334 大卡
- 料理時間 20 分鐘

① 魚皮切出刀痕，泡在混合好的食材Ⓐ中約5分鐘，瀝乾（Point 1）。

② 倒入食材Ⓑ到直徑20公分左右的平底鍋內，以中火加熱。煮滾後放入鯖魚，以湯匙持續將煮汁澆在鯖魚上30秒（Point 2）。放上以沾濕紙巾（不織布）做成的落蓋，只蓋一半，並蓋上鍋蓋，燉煮6分鐘。

③ 先離火，以2到3大匙的煮汁融解味噌，再倒回鍋中。加入蔥、生薑，邊淋煮汁邊煮2到3分鐘，至有點濃稠後，就完成了。

Point

1 醋水可抑制魚腥味，也能防止魚肉散開

煮魚前先淋點醋水，不只可去除魚腥味，還能適度凝結蛋白質，防止魚肉煮散。

2 煮汁少時，要邊淋邊煮

想要減鹽，就要以湯匙將少量煮汁邊煮邊淋，並使用落蓋。等醋的酸味蒸發後，就會留下濃醇的美味。

燉煮鰈魚

燉煮鰈魚前先汆燙，能除去多餘油脂和怪味。和煮汁中的香菇一起吃會更美味。

從一般做法的鹽分3.6公克變成**1.5公克**

食材（2人分）

鰈魚（切片） …… 2片
（200到250公克）
鹽水 註1 …… 2小匙
生香菇 …… 3朵（45公克）
生薑 …… 1塊（10公克）

Ⓐ
- 鹽水 註1 …… 2小匙
- 水 …… 3/4杯
- 味醂 …… 2大匙

● 醬油

- 單人熱量133大卡
- 料理時間20分鐘 註2

註1 在1/4杯水中融解1小匙鹽。
註2 不含以鹽水浸泡鰈魚的時間。

① 鰈魚徹底浸泡在鹽水中，在冰箱中放置20分鐘。
② 在大碗中倒入5杯熱水及1杯冷水（混合成約80℃的熱水），將鰈魚浸泡其中約30秒（Point），再以冷水及手去除髒汙後，用紙巾徹底擦乾。
③ 香菇去梗後切成薄片。生薑切成絲。
④ 加入食材Ⓐ到平底鍋內，以中火煮滾，放入步驟②的食材和步驟③的香菇。放上以沾濕紙巾（不織布）做成的落蓋，以湯匙持續淋上煮汁，燉煮7到8分鐘。
⑤ 拿掉落蓋，加入生薑及1/2大匙醬油之後，再煮2分鐘。

Point

用80℃熱水汆燙

為了不讓鰈魚肉太緊縮，建議使用80℃熱水去除多餘脂肪和黏液。去除多餘油脂後，就算減鹽，也很容易嘗到味道。

從一般做法的鹽分1.2公克變成 **0.6公克**

也可當做常備菜！ 放在冰箱可保存 **5天**

燉煮羊栖菜

羊栖菜不要翻炒，
待水分煎乾。
先去除油豆皮
多餘的油脂也是訣竅。

食材（6人分）

芽羊栖菜（乾燥）……25公克
紅蘿蔔……1/2根（80公克）
油豆皮……1片（30公克）

Ⓐ
- 砂糖……1大匙
- 鹽……1/4小匙（1.5公克）
- 水……4大匙

● 麻油、醬油

- 單人熱量57大卡
- 料理時間30分鐘 註

註 不含泡發羊栖菜、冷卻油豆皮的時間。

1. 稍微清洗一下羊栖菜，浸泡在水中約20分鐘。然後放在濾網上，以紙巾徹底擦乾水分。
2. 紅蘿蔔切成0.2公分厚的長條。油豆皮則以大量熱水汆燙1分鐘以去油（Point），放在濾網上冷卻後，縱切成半，然後切成1公分寬，先放著瀝乾。
3. 倒入1大匙麻油到鍋中，以中火加熱，均勻地放入羊栖菜和紅蘿蔔，先煎2分鐘，不要翻動。加入混合好的食材Ⓐ，炒1到2分鐘直至水分收乾。
4. 加入油豆皮、1杯水。煮滾後，放上以沾濕紙巾（不織布）做成的落蓋，再蓋上鍋蓋，以小火煮15分鐘。取下鍋蓋，加入2小匙醬油，以中火燉煮5分鐘，直到水分收乾。

Point

以熱水汆燙油豆皮，去除表面油脂

油豆皮表面若殘留太多油，就不容易入味。用熱水汆燙去除油脂後，調味清淡也能入味。

鹽分 0.8公克
※這道料理沒有比較對象

生薑燉花椰菜

煮汁勾芡後，就能均勻裹在花椰菜上。
生薑和麻油的風味可掩蓋鹽分的不足。

食材（2人分）

白色花椰菜 …… 150公克

Ⓐ
- 水 …… 3/4杯
- 鹽 …… 1/4小匙（1.5公克）
- 味醂 …… 1大匙
- 昆布（2×5公分）…… 1大匙

太白粉水
- 水 …… 2小匙
- 太白粉 …… 1小匙

生薑（切絲）…… 1塊（10公克）

● 麻油

- 單人熱量 50大卡
- 料理時間 10分鐘

1. 白色花椰菜分成各1小朵。
2. 鍋中放入食材Ⓐ和白色花椰菜，以中火加熱，滾了之後轉小火燉煮7到8分鐘。不時攪拌。
3. 加入太白粉水，以中火煮1分鐘直至變得濃稠。最後加入生薑和1/2小匙麻油拌勻，就完成了。

從一般做法的鹽分1.4公克變成 0.9公克

也可當做常備菜！放在冰箱可保存7天

燉煮蘿蔔乾

訣竅是使用少量的鹽代替醬油。
加醋燉煮後，就是一品爽口的減鹽常備菜。

食材（4人分）

蘿蔔乾 …… 60公克
油豆皮 …… 1片
紅蘿蔔 …… 30公克

Ⓐ
- 砂糖 …… 1小匙
- 鹽 …… 1/2小匙（3公克）
- 醋 …… 2大匙
- 味醂 …… 3大匙

● 麻油

- 單人熱量 120大卡
- 料理時間 30分鐘 註

註 不含蒸的時間。

1. 快速清洗蘿蔔乾，以大量熱水汆燙1分鐘。放在濾網上瀝乾，放涼後再擰乾水分，切成容易食用的大小。
2. 以溫水搓洗油豆皮後，切成0.5公分寬。紅蘿蔔切絲。
3. 鍋中放入步驟①和步驟②的食材、拌勻的食材Ⓐ，開中火。邊攪拌邊煮3分鐘，煮滾後加入1杯水，再稍微攪拌一下。
4. 待重新煮滾後，放上以沾濕紙巾（不織布）做成的落蓋，蓋上鍋蓋以小火煮20分鐘。
5. 以繞圈方式加入1小匙麻油，稍微拌勻後熄火。蓋上鍋蓋蒸約20分鐘。

從一般做法的鹽分 1.4公克變成 **0.7公克**

也可當做常備菜！
放在冰箱可保存 5天

燉煮什錦大豆

事先處理食材並將表面水分擦乾，就容易入味。為了讓所有食材都有鹹味，建議使用鹽水。

食材（6人分）

大豆（煮熟）…… 150公克
紅蘿蔔 …… 1/2根（80公克）
蓮藕 …… 1/2節（80公克）
蒟蒻 …… 100公克
生香菇 …… 4朵（60公克）

Ⓐ
- 鹽 …… 1/2小匙（3公克）
- 水 …… 2大匙

Ⓑ
- 醬油 …… 1小匙
- 砂糖、味醂 …… 各2大匙
- 水 …… 1/2杯

● 鹽

- 單人熱量103大卡
- 料理時間30分鐘（註）

（註）不含事先處理食材、瀝乾及入味的時間。

①紅蘿蔔連皮切成1.5公分厚的扇形。蓮藕一樣連皮切。

②蒟蒻切成1公分塊狀。撒上1小匙鹽後搓揉，再以清水徹底洗淨並瀝乾。香菇去掉下半部的梗，切成1.5公分塊狀。

③用鍋子煮熱水，放入紅蘿蔔、蓮藕汆燙3分鐘。再加入蒟蒻煮2分鐘，加入大豆、香菇煮1分鐘，倒在濾網上。靜置15分鐘瀝乾。

④將步驟③的食材連醬汁一起倒入大碗中，將混合好的食材Ⓐ倒入拌勻（）。

⑤將食材Ⓑ倒入鍋中，加入步驟④的食材並稍微拌勻。以中火煮滾後，放上以沾濕紙巾（不織布）做成的落蓋，再蓋上鍋蓋以小火煮20分鐘。熄火，上下拌勻後蓋上鍋蓋，靜置20分鐘使其入味。

Point

先以鹽水調味

擦乾食材表面的水分後，淋上鹽水。使用鹽水能讓食材均勻裹在鹽分中，這樣就能減少煮汁中的鹽分。

也可當做常備菜！
放在冰箱
可保存
7天

普羅旺斯雜燴

先確實炒過洋蔥和甜椒，
接著只要加入番茄蒸煮，味道就會非常鮮美。

食材（3人分）

番茄 …… 1 顆（200 公克）
甜椒（黃或橘）
…… 1 顆（淨重 160 公克）
洋蔥 …… 1/2 顆（100 公克）
蒜頭 …… 1/2 瓣
Ⓐ 醋 …… 2 小匙
　 砂糖 …… 1 小匙
● 橄欖油、鹽
• 單人熱量 120 大卡
• 料理時間 20 分鐘

① 甜椒去籽、去蒂，切成2公分的四方形。洋蔥也切成2公分的四方形。番茄去蒂，切成3公分塊狀。蒜頭則切成一半。

② 倒入1大匙橄欖油到直徑18到20公分的鍋子內，以中火加熱，依序放上蒜頭、甜椒、洋蔥。先不要翻動，直接加熱2分鐘，接著再拌炒3分鐘。

③ 加入番茄、食材Ⓐ後，將食材鋪平，煮滾後蓋上鍋蓋，以較小的中火煮5分鐘。上下稍微翻動，不時拿起鍋蓋將食材拌勻，接著再煮5分鐘（Point）。加入1/4小匙鹽、1大匙橄欖油，稍微拌勻後，就完成了。

Point

蒸煮番茄讓水分蒸發，美味會更凝聚

將番茄放入鍋中後先蓋上鍋蓋，然後拿下鍋蓋讓水分蒸發，這樣美味會更凝聚。

試吃筆記

可以用簡單的食材做出普羅旺斯雜燴，真的很開心。醋的酸味和蔬菜的甜味平衡得剛剛好，讓人忍不住想要再多煮一點！
（50 歲女性）

鹽分
1.5公克
※這道料理沒有比較對象

中式美姬菇燉豆腐

蠔油與砂糖的甜味很明顯，
蒜頭味道也很濃厚，
是很道地的口味。

1. 豆腐切成8等分。美姬菇切掉根部，並剝開。
2. 倒入食材Ⓐ到直徑約18到20公分的鍋中，以中火加熱，邊攪拌邊煮滾。變濃稠後便加入步驟①的食材，不時搖晃鍋子，並以小火煮5分鐘。
3. 盛盤，如果有，也可加入斜切的青蔥。

食材（2人分）

板豆腐 …… 1 塊（300 公克）
美姬菇 …… 80 公克

Ⓐ
- 蠔油 …… 4 小匙
- 砂糖、醋、麻油 …… 各 1 小匙
- 胡椒 …… 少許
- 水 …… 1/2 杯
- 太白粉 …… 1 小匙
- 蒜頭（切薄片）…… 1/2 瓣

青蔥 …… 適量

- 單人熱量 168 大卡
- 料理時間 10 分鐘

鹽分
1.0公克
※這道料理沒有比較對象

生薑煮櫻花蝦高麗菜

一下子就能煮出櫻花蝦與生薑的風味。
麻油的香氣讓人胃口大開。

1. 高麗菜去掉菜心，切成大致約1公分寬。生薑切成粗絲。
2. 在直徑18到20公分的鍋中，依序倒入高麗菜、櫻花蝦、生薑與食材Ⓐ。蓋上鍋蓋以中火加熱。
3. 煮滾後取下鍋蓋，上下先翻煮3分鐘，煮到高麗菜變軟且變色，就完成了。

食材（2人分）

高麗菜 …… 200 公克
櫻花蝦 …… 10 公克
生薑 …… 1 塊（10 公克）

Ⓐ
- 醬油 …… 2 小匙
- 砂糖 …… 1 小匙
- 麻油 …… 1 小匙
- 水 …… 1/2 杯

- 單人熱量 69 大卡
- 料理時間 8 分鐘

海苔煮青菜金針菇

撕開的海苔在融解後，美味與香氣就會擴散開來。
只要用一點點胡椒，就是完美的點綴。

食材（2人分）

小松菜 …… 50 公克

金針菇 …… 50 公克

壽司海苔（全形） …… 1/2 片

Ⓐ
- 水 …… 1/4 杯
- 醬油 …… 1 小匙
- 味醂 …… 1 小匙
- 沙拉油 …… 1/4 小匙

● 胡椒

- 單人熱量 25 大卡
- 料理時間 8 分鐘

① 小松菜切成6公分長。金針菇去根，切成3等分長。壽司海苔撕碎。

② 在直徑16公分的小鍋中放入食材Ⓐ，以中火加熱，煮滾後加入小松菜、金針菇，再煮1到2分鐘。

③ 熄火後加海苔（Point），整體拌勻並煮至海苔融解。盛盤，撒上少許胡椒。

Point

最後加上海苔，可增添香氣

用少許煮汁燉煮，等食材入味後再加入海苔。融解在煮汁中的海苔會裹在食材上，可增添風味。

試吃筆記

放了海苔，雖然調味清淡，卻很好吃。而且竟然在煮汁中加入胡椒，一開始覺得無法想像，吃起來卻非常搭，讓人驚豔。

（50 歲男性）

第3章

炸物、烤物的美味減鹽

炸物、烤物美味減鹽的3個訣竅

訣竅1

口感要炸得酥脆

麵衣炸得口感酥脆，吃起來會更美味。此外，炸過後食材水分蒸發，美味更加凝聚，只要少許鹽分就能嘗到鹹味。

炸得酥脆的訣竅，就在炸的時候油要保持在一定溫度。將食材放入炸油中時，油溫會下降。所以，一次要炸很多食材時，要快速把食材放入油中，不要讓油溫下降的狀態持續太久。另外，不要翻動食材也是祕訣之一。

訣竅2

多下一道功夫在麵衣上，就能減少醬汁或佐料

在麵衣中加入巴西里或咖哩粉，炸起來會香氣十足，之後不管是要淋上醬汁或佐料，量都能減少許多。此外，使用細一點的麵包粉，也能減少吸附油脂或醬汁，對減鹽與減少熱量都有幫助。

訣竅3

擦乾烤出的多餘油分或水分

在烤肉或烤魚時逼出的水分或油脂，要在加調味料前先用紙巾擦掉。只是多一道手續，就能減少醬油等調味料，也更能吃到食材的原味。

後面內容，也有非常多美味減鹽的小技巧。

炸雞塊

加上酸甜醬汁後，
少鹽也不會讓人感到不滿足。

Point

1 事先以牛奶和蛋的微量鹽分及鮮味來調味

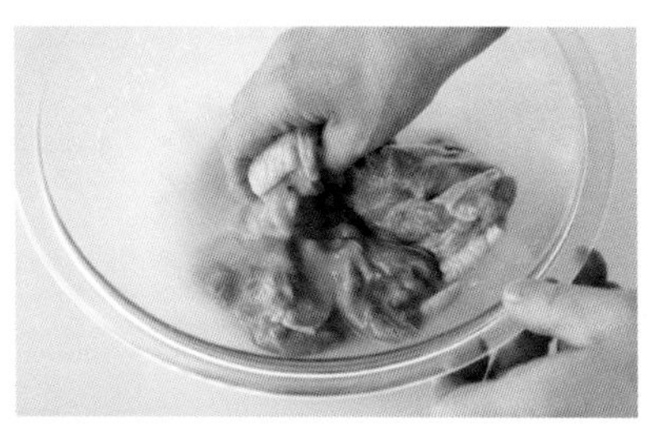

牛奶和蛋中含有微量鹽分及鮮味。如果雞肉確實搓揉入味，就算不用鹽也有好滋味。

2 一炸好就要調味

炸物剛炸好時還很酥脆，因為多餘水分都蒸發了，所以就算減鹽，也很容易感受到味道。而炸物冷掉後，味道就不容易沾附，所以要趁還沒冷掉前調味。

試吃筆記

因為是最喜歡的食物，所以聽到「減鹽」時有點抗拒，卻意外地好吃。酥脆的麵衣和酸甜醬汁很合，原來醋和油那麼搭！

（40歲男性）

食材（2人分）

雞腿肉 …… 1片（250公克）

A
- 牛奶 …… 1大匙
- 砂糖 …… 1小匙

蛋汁 …… 1顆分

蒜頭 …… 1/2瓣

B
- 醋 …… 2小匙
- 蜂蜜 …… 1小匙
- 醬油 …… 1/2大匙

巴西里 …… 適量

● 麵粉、炸油、胡椒

• 單人熱量525大卡

• 料理時間20分鐘

① 雞肉除去多餘油脂後，切成6等分。放入大碗中，加入食材A後以搓揉的方式醃漬，然後加入蛋汁繼續搓揉（Point 1）。

② 在步驟①的食材中加入4大匙麵粉後，繼續搓揉約5分鐘。再撒上1/2杯麵粉，握住雞肉並把麵粉裹在肉上。

③ 倒入2公分深的炸油到平底鍋內，以稍大的中火加熱至160℃。放入步驟②的雞肉，中途記得要上下翻面，約炸4到5分鐘。雞肉變成淺金色時，就將火調大，再炸1到2分鐘後取出，瀝乾油。

④ 用蒜頭的切面抹過大碗內側，將步驟③炸好的雞肉放入碗中。以轉圈的方式倒入混合均勻的食材B，使其裹在所有雞肉上（Point 2）。大約撒5次胡椒之後盛盤，並撒上巴西里。

軟炸豬排佐優格塔塔醬

使用乳製品，
清淡的調味也能做出讓人滿足的豬排。

① 豬肉兩面都用叉子刺30次，以保鮮膜包起來，捶打至變大片。

② 將步驟①的食材放在料理盤中，淋上混合均勻的食材Ⓐ，浸泡20分鐘，過程中要翻面一次（Point 1）。

③ 將優格塔塔醬的食材混合均勻。

④ 將麵衣食材中的蛋在碗中打散，依序加入牛奶、麵粉後攪拌均勻。接著，將豬肉擦乾後裹上麵衣，麵包粉鋪在大的淺盤上，以手將豬肉壓在麵包粉上，並均勻地沾粉（Point 2）。

⑤ 倒入1公分深炸油到直徑26公分的平底鍋內，加熱至170到180℃，放入步驟④的食材後，炸5到6分鐘。將火逐漸調大，過程中要上下翻面。炸好後取出並瀝乾油，切成容易食用的大小。

⑥ 青紫蘇鋪在盤子裡，將步驟⑤的食材及切成容易食用大小的高麗菜盛盤，倒上優格塔塔醬就完成了。

食材（2人分）

豬里肌肉（豬排用）…… 2片（250公克）

Ⓐ
- 牛奶 …… 2大匙
- 鹽 …… 1/4小匙（1.5公克）
- 胡椒 …… 適量

麵衣
- 蛋 …… 1顆
- 牛奶 …… 2大匙
- 麵粉 …… 6大匙
- 麵包粉 …… 2杯

優格塔塔醬
- 原味優格（無糖）…… 3/4杯
- 甜椒（紅／切碎）…… 50公克
- 洋蔥（切碎）…… 2大匙（30公克）
- 蠔油 …… 2小匙
- 碎芝麻（白）…… 1大匙

青紫蘇、高麗菜 …… 各適量

● 炸油

- 單人熱量720大卡
- 料理時間20分鐘（註）

（註）不含將肉浸泡在食材Ⓐ中的時間。

Point

2 麵衣的美味能幫助減鹽

麵衣中加了牛奶，可讓肉質更柔軟，麵包粉也能確實裹在肉上不容易脱落。炸得酥脆的美味麵衣，也能幫助減鹽。

1 浸泡在牛奶中，可減少豬肉腥味

將肉浸泡在牛奶中減少腥味後，就可以使用最少量的鹽調味，而且豬肉會更柔軟好吃。

南蠻漬鮭魚

鮭魚先浸泡鹽水、灑上麵粉後再炸，重點在於減少南蠻醋中醬油的量，以鹽調味。

從一般做法的鹽分3.5公克變成 **1.9公克**

也可當做常備菜！
放在冰箱可保存**5天**

食材（2人分）

生鮭魚（切片）……2片（200公克）

Ⓐ
- 鹽……1/4小匙（1.5公克）
- 水……2大匙

洋蔥……（小）1/2顆（80公克）
紅蘿蔔……30公克
蘿蔔苗……10公克

Ⓑ
- 鹽……1/4小匙（1.5公克）
- 醬油……1小匙
- 味醂……2大匙
- 醋……2大匙
- 七味粉……適量

● 麵粉、炸油

- 單人熱量282大卡
- 料理時間25分鐘

① 將1片鮭魚切成3等分，浸泡在混合均勻的食材Ⓐ中，靜置10分鐘。

② 洋蔥切斷纖維並切成薄片，紅蘿蔔切絲，蘿蔔苗則切掉根部。

③ 將步驟②的食材放入料理盤中，將食材Ⓑ的調味料依序倒入，拌勻直到入味。

④ 擦乾步驟①食材的水分，在魚肉上灑上2大匙麵粉。

⑤ 倒入1公分深的炸油到平底鍋內，加熱至170℃，放入步驟④的食材，兩面各炸2到3分鐘。趁熱放入步驟③的食材（Point），上下翻面讓整體均勻裹上醬汁。

Point

活用蔬菜的風味，以南蠻醋來減鹽

活用洋蔥或蘿蔔苗的辣味及紅蘿蔔的甜味等，就算減少南蠻醋的鹽分，也能讓這道料理擁有絕佳的風味。

試吃筆記

這道菜色彩鮮豔，還能拿來作為請客的料理呢！和青菜一起吃，也能享受不同的口感。
（40歲女性）

鹽分
0.7公克
※這道料理沒有比較對象

香草炸白肉魚

在麵衣中加入油，麵衣溫度能升高且炸出漂亮的顏色。加入巴西里和咖哩粉更能提升風味！

① 1片旗魚切成3到4等分的小塊狀，放入大碗中。倒入食材Ⓐ後裹勻，靜置5分鐘。甜椒縱切成2公分寬。

② 倒入食材Ⓑ到另一個大碗中，以筷子攪拌均勻，再依序加入牛奶、沙拉油、巴西里，攪拌至沒有粉狀為止。

③ 倒入2公分深的炸油到平底鍋中，以稍大的中火加熱至170到180℃。將步驟①的旗魚和甜椒都撒上適量麵粉，沾上步驟②的食材，油炸5到6分鐘，過程中記得要上下翻面一次。等麵衣固定且炸得酥脆後，取出並瀝乾油，盛盤，最後放上檸檬，就完成了。

食材（2人分）

旗魚（切片）⋯⋯ 2片（200公克）

Ⓐ
- 鹽 ⋯⋯ 1撮（0.5公克）
- 牛奶 ⋯⋯ 2小匙

甜椒（紅）⋯⋯ 1/2顆（80公克）

麵衣
- Ⓑ
  - 麵粉 ⋯⋯ 70公克
  - 太白粉 ⋯⋯ 20公克
  - 烘焙粉、咖哩粉 ⋯⋯ 各1小匙
- 牛奶（冰的）⋯⋯ 90毫升
- 沙拉油 ⋯⋯ 1小匙
- 巴西里（切細）⋯⋯ 2大匙

檸檬（切成梳子狀）⋯⋯ 2片

◎ 炸油、麵粉

- 單人熱量424大卡
- 料理時間20分鐘

從一般做法的鹽分 3.0公克變成 1.2公克

豬排串

肉先刺出許多小洞後，就可以事先調味，口感也會變得柔軟。在醬汁中加醋可以幫助減鹽。

1. 用叉子在豬肉兩面刺30次，1片縱切成4等分，放入大碗中，加入食材Ⓐ並進行搓揉後，靜置5分鐘。蔥切成6到7公分長，準備8根。
2. 使用2根竹籤，以蔥、豬肉、蔥、豬肉的順序串起。串4組。
3. 麵包粉過篩，篩細一點（Point）。
4. 將蛋打入大碗中攪散，加入3大匙麵粉，並攪拌均勻。
5. 將步驟②的豬肉串裹上④的食材，再輕輕沾上③的麵包粉，用手輕壓塑形。
6. 倒入2公分深的炸油到平底鍋內，以稍大的中火加熱至170到180℃。放入步驟⑤食材的一半，炸5到6分鐘直至呈金黃色，過程中先取出一次並上下翻面。取出後瀝乾油，剩下一半也以同樣方式油炸。
7. 將竹串與竹串中間縱切成半，盛盤。可沾著攪拌均勻的食材Ⓑ沾醬一起吃。

食材（2人分）

豬里肌肉（豬排用）
⋯⋯（小）2片（160公克）

Ⓐ
- 鹽 ⋯⋯ 1撮（0.5公克）
- 牛奶 ⋯⋯ 1大匙

蔥 ⋯⋯ 1又1/2根（150公克）
麵包粉 ⋯⋯ 1杯
蛋 ⋯⋯ 1顆
Ⓑ 中濃醬、醋 ⋯⋯ 各1大匙
● 麵粉、炸油

• 單人熱量590大卡　• 料理時間30分鐘

Point 麵包粉使用時要篩細

使用細麵包粉的麵衣，吸進醬汁的量少，可達到減鹽效果。如果能買到較細的麵包粉，就可直接使用，不必過篩。

蔬菜天婦羅

麵衣食材放涼後不會黏膩，
炸得酥脆，口感棒極了。
增添了海苔風味，直接吃就很滿足。

食材（2人分）

紅蘿蔔 …… （小）1/2 根（50 公克）
洋蔥 …… 1/2 顆（100 公克）
雞里肌肉 …… 2 片（80 公克）
Ⓐ 鹽 …… 1/4 小匙（1.5 公克）
　水 …… 3 到 4 大匙
壽司海苔（全形） …… 1 片
檸檬（切成半月形） …… 適量
酢橘（切成梳子狀） …… 適量
● 麵粉、炸油

- 單人熱量 259 大卡
- 料理時間 20 分鐘 註

註 不含冷卻鹽水和麵粉的時間。

① 食材Ⓐ混合均勻後，和1/2杯麵粉都放入冰箱冷藏10分鐘。

② 紅蘿蔔切成粗絲。洋蔥切斷纖維，並切成0.5公分寬。雞里肌去筋後切細。

③ 在大碗中放入步驟②的食材並稍微拌勻，加入撕碎的海苔。放入步驟①的麵粉，以筷子攪拌均勻。將食材Ⓐ以繞圈方式倒入，用筷子快速拌勻（剩下一點粉感也沒關係）。

④ 倒入2公分深的炸油到平底鍋中，以稍大的中火加熱至170到180℃。

⑤ 將步驟③的食材平均分成6等分，每次都以木鏟將1分的量慢慢滑入油中。以耐熱湯匙將熱油持續淋在步驟③的食材上，炸2到3分鐘，反面也以同樣方式炸2到3分鐘，直至酥脆即可。瀝乾油，盛盤後放上檸檬和酢橘即完成。

試吃筆記

海苔的香氣很棒。檸檬汁讓食材的味道更突顯了，根本不需要另外沾鹽。
（40 歲女性）

辣烤雞翅

雞翅撒上辛香料，烤得焦香酥脆，讓口感更升級！

從一般做法的鹽分1.7公克變成 **0.6公克**

食材（2人分）

雞翅 …… 6根（350到400公克）

Ⓐ
- 巴西里（乾） …… 1/2大匙
- 一味粉 …… 1小匙
- 麵粉 …… 2小匙

Ⓑ 醬油、砂糖 …… 各1小匙

- 沙拉油
- 單人熱量248大卡
- 料理時間20分鐘

① 將雞翅尖端切掉，沿著骨頭切出刀痕。用大量熱水汆燙5分鐘，再放在濾網上以紙巾擦乾水分，撒上混合均勻的食材Ⓐ。

② 將步驟①的食材排列在平底鍋中，以耐熱湯匙將2大匙沙拉油均勻淋在步驟①的食材上（Point 1），以中火煎烤6到7分鐘。翻面之後，再煎烤3到4分鐘，直到變色。

③ 先離火，以紙巾擦掉多餘的油脂。倒入混合均勻的食材Ⓑ（Point 2），再次用中火煎烤，等到整體裹上醬汁即可。

Point

1 善用辛香料的香氣

辛香料（這裡使用的是一味粉）受熱後會更香。油要淋在排好的雞肉上，這樣不僅溫度一致，也能減少油量。

2 在醬汁中加入砂糖，能明顯感覺到鹹味與辣味

在食材Ⓑ的醬汁中加入砂糖，更容易吃出鹹味與辣味。因為一起加熱砂糖和油，會釋出鮮甜滋味，更能做出美味的減鹽料理。

食材（2人分）

豬肩里肌肉（豬排用）…… 2片
（220到250公克）

Ⓐ
- 鹽 …… 1/4小匙（1.5公克）
- 水 …… 1小匙
- 砂糖 …… 1撮（1公克）
- 咖哩粉 …… 1/4小匙

芝麻菜（大致切過）…… 20公克
檸檬（切成扇子狀）…… 2片
● 沙拉油、奶油
• 單人熱量340大卡
• 料理時間15分鐘 註

註 不含肉事先調味的時間。

1. 豬肉包上保鮮膜，以拳頭捶打30次後移除保鮮膜。將食材Ⓐ依序倒在豬肉上，在常溫中靜置10分鐘等待入味（Point）。
2. 加入1小匙沙拉油到平底鍋中，以中火加熱30秒，放入豬肉，先煎4到5分鐘，不要翻動，翻面後再煎3到4分鐘。
3. 最後加入10公克奶油，塗抹在豬排上。盛盤，以芝麻菜、檸檬裝飾。

從一般做法的鹽分1.5公克變成 **0.9公克**

煎豬排

撒上少量咖哩粉可去除肉腥味，
最後加上奶油，可增添醇厚韻味。

Point

咖哩粉可代替鹽和胡椒

咖哩粉可代替鹽和胡椒，還能去除豬肉的腥味。增添咖哩風味後，吃起來更容易滿足。

試吃筆記

原來捶打過後，豬肉能如此柔軟，真讓人驚訝！辛香料的香氣和肉非常搭。
（40歲男性）

照燒鰤魚

為了先調味並使魚肉的鹹味均勻，
請使用鹽水。
鹽水可除去魚腥味，
也能讓魚肉徹底入味。

食材（2人分）

鰤魚（切片）
…… 2片（200公克）
鹽水 (註1) …… 2小匙
Ⓐ 醬油 …… 1/2小匙
　 味醂 …… 2大匙
碎芝麻（白） …… 2小匙
小黃瓜（切絲） …… 1/2根
● 麵粉、沙拉油

- 單人熱量339大卡
- 料理時間15分鐘 (註2)

(註1) 在1/4杯水中融解1小匙鹽。
(註2) 不含鰤魚浸泡鹽水的時間。

① 用紙巾擦乾鰤魚的水分，切半。將鰤魚浸泡在鹽水中，記得上下翻面（Point），放在冰箱中約20分鐘，之後再擦乾釋出的水分。

② 在步驟①的食材中撒上1大匙麵粉，多餘的粉則拍掉。

③ 倒入2小匙沙拉油到平底鍋中，以中火加熱，將步驟②的食材排在鍋中。煎4分鐘後翻面，以小火煎2到3分鐘。皮也要煎約20秒。以紙巾擦掉逼出的油脂，熄火，將混合均勻的食材Ⓐ以繞圈方式倒入。

④ 再次開中火，將剩下的醬汁煮滾，邊翻面邊煮約2分鐘。盛盤後撒上碎芝麻，並以小黃瓜裝飾。

Point

鰤魚要先浸鹽水以去除腥味

為了將鹽水淋在所有鰤魚上，要適度浸泡，才能減少醬油用量。此外，鹽水可去除青背魚特有的腥味。

試吃筆記

芝麻的香味與味醂的甜味很明顯，真的非常好吃。習慣這個味道後，就覺得以前吃的照燒都過鹹了。我家以後也想用這樣的調味。

（40歲女性）

從一般做法的鹽分1.8公克變成 0.9公克

奶油香煎鮭魚

擦掉加熱時逼出的多餘油脂，才容易入味。奶油與巴西里的香氣十足，完成後再撒點檸檬汁一起享用。

食材（2人分）

生鮭魚（切片）…… 2片（200公克）

鹽水 註1 …… 2小匙

巴西里（切碎）…… 1大匙

甜椒粉 …… 少許

橡葉萵苣 …… 適量

檸檬汁 …… 1大匙

● 麵粉、沙拉油、奶油

• 單人熱量 189大卡

• 料理時間 15分鐘 註2

註1 在1/4杯水中融解1小匙鹽。

註2 不含將鮭魚浸泡在鹽水中的時間。

1. 將鮭魚切半，浸泡在鹽水中，要上下翻面，然後靜置於冰箱中約20分鐘，之後瀝乾水分。撒上1大匙麵粉，多餘的麵粉則拍掉。
2. 倒入2小匙沙拉油到平底鍋中，以中火加熱，將步驟①的食材排在鍋中。煎4到5分鐘後上下翻面，以小火再煎2到3分鐘。皮也要煎約20秒。
3. 以紙巾擦掉逼出的多餘油脂。放入10公克奶油，融化後用耐熱湯匙持續將奶油淋在魚肉上約1到2分鐘，待魚肉熟透後，均勻撒上巴西里。
4. 將步驟③的食材盛盤，並撒上甜椒粉，以橡葉萵苣裝飾。食用前撒上檸檬汁。

從一般做法的鹽分2.1公克變成 1.1公克

鹽烤鯖魚

為了讓鹽水確實滲入，要在皮上切出刀痕。在旁邊放上帶有香氣的蘿蔔泥，不沾醬油也很好吃。

食材（2人分）

鯖魚（切片）…… 2片

（淨重200到250公克）

鹽水 註1 …… 2小匙

Ⓐ
- 白蘿蔔泥 註2 …… 80公克
- 青紫蘇（切絲）…… 4片
- 鹽水 註1 …… 1/2小匙
- 醋 …… 1小匙

● 沙拉油

• 單人熱量 217大卡

• 料理時間 20分鐘 註3

註1 1/4杯水中融解1小匙鹽。

註2 將白蘿蔔150公克磨成泥，用手擰成80公克。

註3 不含鯖魚浸泡於鹽水中的時間。

1. 用紙巾徹底擦乾鯖魚上的水分，在皮上劃出0.5公分深的刀痕。將鯖魚浸泡在鹽水中，記得上下翻面，靜置於冰箱約20分鐘後，瀝乾水分。
2. 倒入2小匙沙拉油到平底鍋中，以中火加熱，將步驟①的鯖魚以皮朝下的方式排列在鍋中。煎7到8分鐘後翻面，再煎2到3分鐘。中途要以紙巾擦掉逼出的油脂，鯖魚的側面也要貼在平底鍋內側確實煎熟。
3. 將步驟②的食材盛盤，食材Ⓐ混合均勻後裝飾在旁邊。

紫蘇香煎雞里肌

要注意雞里肌很容易過熟。
因為少了鹽分，
紫蘇和蛋的美味可以取得很好的平衡。

從一般做法的鹽分 1.4公克變成 **0.9公克**

食材（2人分）

雞里肌肉 …… 4片（200公克）
蛋 …… 1顆
青紫蘇 …… 4片

Ⓐ
- 醬油 …… 1小匙
- 砂糖 …… 1/2小匙
- 沙拉油 …… 1小匙

● 鹽、麵粉、沙拉油

• 單人熱量 239 大卡
• 料理時間 15 分鐘（註）

（註）不含雞里肌事先調味的時間。

1. 雞里肌去筋後沾上食材Ⓐ，並靜置10分鐘（Point）。
2. 蛋中加入一撮鹽，打散。
3. 用青紫蘇將步驟①的食材捲起，撒1大匙麵粉在所有雞里肌上。
4. 倒入1大匙沙拉油到平底鍋中，以中火加熱約30秒。將步驟③的食材裹上步驟②的蛋液，放進鍋中。記得盛盤時朝上的那一面要先朝下。
5. 兩面各煎3到4分鐘，中途可將步驟②中剩下的蛋液一起倒入鍋中煎。

Point

煎好雞里肌，調味清淡也很好吃

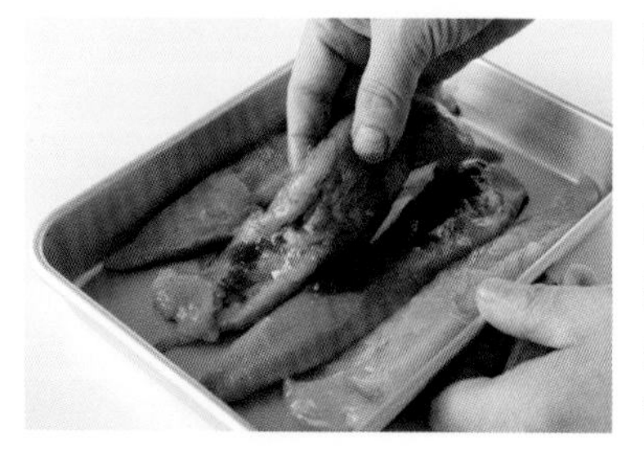

雞里肌在醃漬時，先沾油，加熱時表面溫度會升高，短時間內就能迅速煎好。因為不會乾柴，不沾調味料也很好吃。

試吃筆記

比起減鹽，雞里肌吃起來竟能那麼柔嫩，真是讓人嚇了一大跳。會覺得清淡的調味不好吃，主要是因為口感不佳。柔軟的雞里肌就能讓人感受到肉的美味。

（50歲女性）

鹽分
0.8公克
※這道料理沒有比較對象

香煎豆腐

加入海苔粉或柴魚片一起煎，會散發出絕佳的香氣。

請淋上醬油醋（比例1：1）一起享用。

Point

讓豆腐先出水，再沾上麵衣，就有助於減鹽

先使豆腐出水後，再沾上加了香料的麵衣油煎，吃的時候可減少醬油用量。此外，醬油和醋以同樣比例混合，也有助於減鹽。

食材（2人分）

板豆腐 …… 1塊（300公克）

Ⓐ
- 麵粉 …… 3大匙
- 牛奶 …… 2大匙

Ⓑ
- 海苔粉 …… 2小匙
- 柴魚片 …… 10公克

白蘿蔔泥 …… 80到100公克

Ⓒ
- 醬油 …… 1小匙
- 醋 …… 1小匙

● 沙拉油

- 單人熱量253大卡
- 料理時間10分鐘（註）

（註）不含豆腐出水的時間。

1. 將豆腐切半，再切成一半的厚度。每片都以紙巾包住，靜置15分鐘（Point）。
2. 拿掉包豆腐的紙巾，沾上混合好的食材Ⓐ後，再裹上混合好的食材Ⓑ（Point）。
3. 倒入1大匙沙拉油到平底鍋內，以中火加熱，將步驟②的食材排入鍋中。先煎2到3分鐘，不要翻動，待翻面後再煎2到3分鐘。
4. 盛盤，放上白蘿蔔泥，淋上混合好的食材Ⓒ。

試吃筆記

海苔粉和柴魚片的組合，吃起來有一點什錦燒的感覺。醬油醋的酸味剛剛好，整體爽口又好吃。

（40歲女性）

從一般
做法的鹽分
1.6公克變成
0.5公克

海苔玉子燒

有一點甜味，加入海苔風味後就能輕鬆減鹽，
是幾乎不加鹽的玉子燒。

食材（2人分）

蛋 …… 3顆
壽司海苔（全形）
…… 1片
Ⓐ 砂糖 …… 1又1/3大匙
Ⓐ 水 …… 2大匙
Ⓐ 醬油 …… 1/2小匙
青紫蘇 …… 2片
● 沙拉油

- 單人熱量 149大卡
- 料理時間 20分鐘

① 把蛋黃攪散，以切拌的方式混合蛋白。海苔撕碎，和食材Ⓐ一起加入蛋汁中（Point），稍微攪拌。

② 以中火加熱蛋捲煎鍋，抹上一層薄薄的沙拉油。用杓子舀起一杓步驟①食材倒入煎鍋中，待10秒後當邊緣開始凝固，從外側開始朝自己的方向捲。

③ 將蛋推向外側，靠近自己的方向塗上一層薄薄的沙拉油，離火，倒入約一杓步驟①的食材到鍋中。

④ 放回火上，邊緣凝固後，再從外側往自己的方向捲。重複步驟直到蛋汁用完。

⑤ 等蛋捲表面變成金黃色後，用鋁箔紙包起來，調整形狀。放涼後，切成容易食用的大小。在盤中先鋪上青紫蘇，再放上蛋捲，就完成了。

Point

用甜味幫助減鹽

加入砂糖後，微微的甜味就是減鹽訣竅之一。蛋如果過度攪拌，或是攪拌後又放了一段時間，蛋黃與蛋白就會煎得硬硬的，不容易感受到鹹味。

冬粉煎餃

從一般做法的鹽分2.8公克變成**1.6公克**

肉餡的鹹味來自鹽而非醬油。
沾醬則混合甜味與酸味，有助於減鹽。

食材（3人分）

冬粉（乾） …… 10公克
豬絞肉 …… 150公克
高麗菜 …… 3到4片（淨重150公克）
蔥 …… 1/2根（50公克）
生香菇（去梗） …… 2朵（30公克）

Ⓐ
- 蒜頭（磨成泥） …… 1瓣
- 鹽 …… 1/2小匙（3公克）
- 麻油 …… 1大匙
- 砂糖 …… 2小匙

餃子皮（市售） …… 1袋（24片）

Ⓑ
- 醬油、味醂（註） …… 各1小匙
- 醋 …… 1大匙

生薑（磨成泥） …… 1塊（10公克）

● 沙拉油

• 單人熱量360大卡　• 料理時間30分鐘

（註）可以先煮過，讓味醂所含的酒精蒸發。

① 冬粉先泡水10分鐘，再切成1公分長。高麗菜、蔥、香菇都切末。

② 絞肉加入食材Ⓐ，並攪拌均勻，再加入步驟①的食材攪拌1分鐘。在餃子皮上放上1/24的量，餃子皮邊緣沾水，將內餡包起來。共包24顆。

③ 倒入1/2大匙沙拉油到平底鍋內，以中火加熱，將步驟②一半的餃子排列鍋中煎3分鐘。待餃子皮變色後，以繞圈方式倒入1/3杯水，蓋上鍋蓋，悶蒸7分鐘，等水分蒸發。取下鍋蓋，將火調大煎1到2分鐘，使水分蒸發。剩下的餃子以相同方式煎好，盛盤。旁邊附上混合好的食材Ⓑ醬料和生薑。

第4章

涼拌、沙拉、麵類的美味減鹽

涼拌、沙拉、麵類美味減鹽的3個訣竅

訣竅1 調味前先去除水分

做涼拌菜的訣竅是，加入調味料前，先擦乾食材的水分，味道才不會變淡。

燙好的青菜最好是用濾網瀝乾，並用紙巾將水氣擦掉，才能更入味，也能保留青菜原本的口感。

口感也是讓人覺得好吃的重點之一。

訣竅2 食材本身的黏性可沾附調味

切得細碎就會出現黏液的海藻類、山藥或納豆等具有黏性的食材，都能沾附調味料以突顯味道。就算調味料用得少，和黏性食材混合在一起，調味料不會流失，可巧妙運用在涼拌、沙拉和麵類的料理中。

訣竅3 沙拉的調味順序是油、鹽、酸味

沙拉調味時，一開始要先將油倒在所有食材上，接著再撒鹽，這樣才容易感覺到鹹味。最後加上醋或檸檬的酸味，味道就更突顯了。

使用市售沙拉醬時，含油的成分比較容易沾附在食材上，也可幫助減鹽。

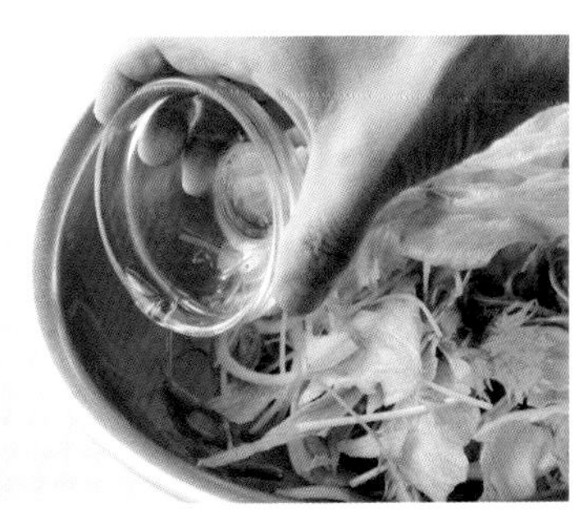

後面內容，也有非常多美味減鹽的小技巧。

從一般
做法的鹽分
1.5公克變成
0.6公克

白醋涼拌蔬菜

調味料中加一點辣椒粉，有畫龍點睛的效果。
突顯味道後，就不會覺得不夠鹹。

食材（2人分）

小松菜 …… 100 公克
板豆腐 …… 1/3 塊（100 公克）

Ⓐ
- 醬油 …… 1 小匙
- 碎芝麻（白） …… 1 大匙
- 醋 …… 1 小匙
- 砂糖 …… 1 小匙
- 芥末醬 …… 1/2 小匙

- 單人熱量 82 大卡
- 料理時間 10 分鐘（註）

（註）不含豆腐出水的時間。

1. 將豆腐切成4等分，每1分都以紙巾包住，並靜置15分鐘。
2. 將步驟①的食材放入大碗中，依序加入食材Ⓐ後，攪拌均勻。
3. 小松菜切成4公分長，以大量熱水汆燙2分鐘。放在濾網上瀝乾，放涼後就以紙巾輕輕捏著，將水氣擦乾（Point），加入步驟②的食材，攪拌均勻即可。

Point

水氣要擦掉，不要用擰的

除去青菜的水分，是用少量調味料也能突顯味道的關鍵。在去除水分時，與其用手擰，不如用紙巾擦乾，這樣可保留原來的口感，更容易吃出味道。

試吃筆記

哎呀，是不是放了芥末啊？真是讓人驚喜的隱藏調味啊。加了醋，更感覺到爽口的甜味了。
（50 歲男性）

從一般做法的鹽分1.3公克變成 **0.5**公克

芝麻醋拌四季豆

燙好的四季豆要確實瀝乾水分，
才會入味。
酸味足夠，也能清楚感受到鹹味。

食材（2人分）

四季豆 …… 120公克

Ⓐ
- 醬油 …… 1/2小匙
- 水 …… 2小匙

Ⓑ
- 碎芝麻（白） …… 3大匙
- 砂糖 …… 2小匙
- 醬油 …… 1小匙
- 麻油 …… 1/4小匙

● 醋

● 單人熱量119大卡　● 料理時間15分鐘 註

註 不含放在濾網上放涼的時間。

1. 四季豆以熱水汆燙2到3分鐘，放在濾網上放涼。長度切成2到3等分後，淋上食材Ⓐ，並靜置5分鐘。
2. 在大碗上混合食材Ⓑ，一直攪拌到香氣出來為止。
3. 將步驟①食材的水分瀝乾，加入步驟②的食材拌勻。再加入1小匙醋，就完成了。

從一般做法的鹽分0.9公克變成 **0.5**公克

海苔芥末拌蒸茄子

將茄子去皮，
更能感受它的滋味。
撕碎的海苔和少量芥末是調味的亮點。

食材（2人分）

茄子 …… 3根（240公克）

壽司海苔（全形） …… 1片

芥末醬 …… 1/2小匙

● 醬油、沙拉油

● 單人熱量45大卡　● 料理時間8分鐘

1. 茄子去蒂，以削皮刀去皮。縱切成半後，切成3公分寬，泡一下水後迅速拿起來。
2. 瀝乾茄子後平鋪在直徑25公分的耐熱容器中，上面鬆鬆地蓋一層保鮮膜，放入微波爐中（600W）微波4分鐘。拿下保鮮膜，放涼。
3. 在大碗中放入步驟②的食材，將壽司海苔撕碎並加入，再攪拌均勻。最後加入芥末、1小匙醬油、1/2小匙沙拉油，待拌勻後就完成了。

從一般
做法的鹽分
0.9公克變成
0.6公克

海帶絲拌小黃瓜

在切細就會變得
黏稠的海帶中調味，
並攪拌均勻。
小黃瓜削皮後
會比較容易沾附味道。

Point

將帶有黏性的食材，活用於涼拌菜中

海帶切細後會跑出黏液，讓味道能確實沾上，可作為很好的調味食材。

1. 將海帶在一杯水中泡發5分鐘，接著徹底去除水分，然後切細（Point）。
2. 小黃瓜削皮後，切成1公分寬。
3. 步驟①的食材加入食材Ⓐ拌勻，再加入步驟②的食材，攪拌後就完成了。

食材（2人分）

小黃瓜 …… 2根

海帶（乾） …… 2小匙（2公克）

Ⓐ
- 薄口醬油 …… 1小匙
- 砂糖 …… 1/2小匙
- 芥末醬 …… 1/2小匙

• 單人熱量24大卡 • 料理時間10分鐘

山藥泥拌鮪魚

鮪魚事先調味後，
沒有醬油也很下飯。
山藥切細後口感會更好。

食材（2人分）

鮪魚（瘦肉／生魚片用）⋯⋯ 150公克
山藥 ⋯⋯ 100公克
Ⓐ 鹽 ⋯⋯ 1/4小匙（1.5公克）
　 砂糖、麻油、芥末醬 ⋯⋯ 各1小匙
水菜 ⋯⋯ 適量

• 單人熱量158大卡　• 料理時間10分鐘〔註〕

〔註〕不含將鮪魚浸泡在食材Ⓐ中的時間。

① 山藥削皮切成薄片，再用菜刀切碎。
② 鮪魚切成1.5公分塊狀，在食材Ⓐ中浸泡10分鐘。
③ 將步驟②的食材盛盤，放上步驟①食材。依照個人喜好添加水菜，吃前先攪拌。

涼拌豆腐

由韭菜、蔥、鹽、咖哩粉、醋、砂糖、油，所做成的美味減鹽醬汁。
可用來代替醬油，請務必一試。

食材（2人分）

板豆腐 ⋯⋯ 1塊（300公克）
韭菜 ⋯⋯ 15公克
蔥 ⋯⋯ 10公克
Ⓐ 鹽 ⋯⋯ 1/4小匙（1.5公克）
　 咖哩粉 ⋯⋯ 1/4小匙
　 麻油 ⋯⋯ 1小匙
　 砂糖 ⋯⋯ 1/4小匙
● 醋

• 單人熱量132大卡　• 料理時間10分鐘

① 韭菜切成0.2公分寬。蔥切碎。
② 將步驟①的食材和食材Ⓐ攪拌均勻。
③ 將豆腐切成2公分寬，並分成兩半，各裝在盤中。將步驟②的食材分成兩等分，加在兩盤豆腐上，各自撒上1/2小匙醋，就完成了。

綠沙拉

不使用沙拉醬，調味料要徹底裹住食材才好。
為了突顯味道，調味料添加的順序很重要！

Point

1 在蔬菜上沾油，更容易有味道

首先要讓蔬菜徹底沾油，調味才容易裹在蔬菜上。為了減少用油量，從大碗邊緣開始繞圈倒入，油才不會都積在同一個地方，可以沾到所有蔬菜上。

2 加了油後再加鹽和砂糖，蔬菜就不容易出水

將蔬菜裹上油之後再加鹽或砂糖，這樣不只容易調味，蔬菜也不容易出水，能保留清脆口感。

食材（2人分）

萵苣 …… 2到3片（100公克）
水菜 …… 20公克
洋蔥 …… 1/4顆（50公克）
小番茄 …… 6顆（90公克）
● 橄欖油、鹽、砂糖、醋 註1

• 單人熱量86大卡 • 料理時間8分鐘 註2

註1 推薦使用米醋或義大利香醋。
註2 不含將蔬菜浸泡在冷水中的時間。

1. 萵苣切成大片，水菜切成5公分長，洋蔥切成薄片。全都浸泡在冷水中約20分鐘，使它們變得清脆，撈起後，放在濾網上瀝乾。以紙巾輕捏以擦乾水分。
2. 小番茄去蒂，橫切成一半。
3. 將步驟①的食材放入大碗中，從邊緣以繞圈方式倒入1大匙橄欖油，用手輕輕拌勻，讓食材都裹上橄欖油（Point 1）。
4. 撒下2撮鹽、1撮砂糖，稍微攪拌一下（Point 2），加入步驟②的食材和1大匙醋後，拌勻就完成了。

試吃筆記

蔬菜清脆又美味，就像餐廳的沙拉一樣，也能徹底感受到鹹味。洋蔥、番茄的味道，更是絕妙搭配。

（40歲女性）

從一般做法的鹽分1.3公克變成 **0.7公克**

也可當做常備菜！放在冰箱可保存 **7天**

芝麻牛蒡沙拉

牛蒡燙熟後放上濾網，
徹底瀝乾表面水分後再調味。
好好享受芝麻與麻油的香氣吧。

食材（2人分）

牛蒡 …… （小）1根（100公克）

Ⓐ
- 醬油 …… 1/2大匙
- 砂糖 …… 1小匙
- 醋 …… 1小匙

碎芝麻（白） …… 2小匙

● 麻油

- 單人熱量78大卡
- 料理時間10分鐘

1. 牛蒡以棕刷徹底刷去汙泥，斜切成0.5公分寬略粗的長條狀。泡在水中約5分鐘後，撈起並放上濾網瀝乾。
2. 在鍋中煮滾大量熱水，放入牛蒡汆燙2分鐘，撈起後在濾網上放涼。
3. 用紙巾徹底擦乾牛蒡的水分後放入大碗中，將食材Ⓐ依序倒入，一直攪拌到調味汁都被吸進牛蒡為止。
4. 倒入碎芝麻、1小匙麻油，攪拌均勻（Point）。

Point

麻油最後加，香氣更明顯

碎芝麻或麻油最後再加，更能突顯香氣。有香氣的調味料，是減鹽菜單的好幫手，要在不損香氣的時機加入。

試吃筆記

牛蒡很入味，吃起來酸酸甜甜，表面裹滿了芝麻，完全不會讓人覺得味道不夠。很適合作為小菜。

（50歲女性）

肉味噌青菜沙拉

絞肉徹底炒過去除多餘油脂，就容易入味。
就算減鹽也能做出美味的肉味噌。

食材（2人分）

綠蘆筍 …… 4根（100公克）
紅蘿蔔 …… 50公克
甜豆 …… 10根
豬絞肉 …… 100公克
Ⓐ［ 美乃滋、醋 …… 各1大匙

● 醬油、砂糖
• 單人熱量196大卡
• 料理時間20分鐘

① 蘆筍削去根部較硬的皮，切成4公分長。紅蘿蔔切成粗長條狀。將甜豆的筋挑掉。

② 水煮滾，放入蘆筍、甜豆汆燙1分鐘，再加入紅蘿蔔，汆燙30秒。放在濾網上瀝掉水分，並用餘熱將水氣蒸乾（Point）。

③ 平底鍋中均勻放入絞肉，開大火，先煎3分鐘且不要翻動，等肉變色逼出油脂後，以紙巾擦乾油汁，一邊翻炒2到3分鐘。

④ 在步驟③的食材中加入2小匙醬油、1小匙砂糖，攪拌均勻。等醬汁都被吸乾後，倒入大碗中，加入食材Ⓐ攪拌均勻。

⑤ 將步驟②的食材盛盤，上面再加上步驟④的食材就完成了。

Point

燙好的青菜不要用冷水降溫

青菜燙好後，不要用冷水降溫，而是直接放在濾網上。讓青菜表面的水分蒸發，會更好調味，也能保留青菜原有的甜味。

試吃筆記

肉味噌很有味道，燙青菜也很好吃。這道肉味噌應該也和其他青菜很搭，我想多嘗試看看。
（40歲男性）

從一般做法的鹽分1.4公克變成 **0.7公克**

也可當做常備菜！ 放在冰箱可保存**5**天

涼拌高麗菜通心粉

通心粉不加鹽就水煮，趁熱倒入醬油，再裹上加了生薑的美乃滋，滋味十足！

食材（3人分）

高麗菜 …… 150 公克

通心粉 …… 50 公克

Ⓐ
- 生薑（磨成泥）…… 1 塊（10 公克）
- 美乃滋 …… 4 大匙

● 醬油

• 單人熱量 184 大卡

• 料理時間 10 分鐘（註）

（註）不含放涼的時間。

1. 將高麗菜的菜心去除後，切成1公分寬。
2. 通心粉煮熟，撈起來前1分鐘加入高麗菜一起汆燙。撈起後在濾網上放涼，然後用紙巾輕輕地捏一捏，以擦乾水分。
3. 在大碗中放入步驟②的食材，然後倒入1小匙醬油（Point），最後加入食材Ⓐ攪拌均勻。

Point

加入美乃滋前，先以醬油調味

如果先加了含油的美乃滋，後續就入不了味。所以要在高麗菜和通心粉上，先倒入醬油。

試吃筆記

通心粉沙拉感覺就充滿了美乃滋，沒想到能做成如此美味的醬油風味。在美乃滋中加入生薑，真是好主意呢。

（40 歲男性）

從一般做法的鹽分1.0公克變成
0.4公克

馬鈴薯沙拉

馬鈴薯煮軟後，水分完全蒸發才容易調味，不需要很多調味料，味道也很棒。

食材（4人分）

馬鈴薯 …… 2到3顆
（淨重300公克）
洋蔥 …… 1/4顆（50公克）
牛奶 …… 3大匙
Ⓐ 醋 …… 2大匙
　 砂糖 …… 1大匙
生菜 …… 適量
杏仁（有鹽／烤過） …… 10公克
● 醬油、美乃滋、胡椒

- 單人熱量156大卡
- 料理時間30分鐘（註）

（註）不含放涼的時間。

1. 馬鈴薯去皮後，切成2公分的塊狀，浸泡在水中5分鐘。洋蔥則切細。
2. 鍋中放入馬鈴薯及蓋過馬鈴薯的水，以中火加熱。煮滾後轉小火，鍋蓋繼續蓋著煮15分鐘，馬鈴薯徹底煮軟。
3. 倒掉步驟②的熱水，放入洋蔥、牛奶、醬油各1小匙，攪拌均勻，開中火加熱。沸騰後也一直攪拌到水分完全蒸發為止。
4. 熄火倒入食材Ⓐ，邊搗邊攪拌。等稍微放涼後，加入3大匙美乃滋、胡椒少許，攪拌均勻。
5. 容器中放上生菜，將步驟④的食材盛於其上，撒一點切碎的杏仁，就完成了。

鹽分
0.8公克
※這道料理沒有比較對象

雞肉沙拉

青菜切成容易食用的大小，也容易調味。使用有點稠度的沙拉醬是減鹽訣竅。

食材（2人分）

雞腿肉 …… 1片（250公克）
Ⓐ 醬油、水 …… 各1小匙
生菜 …… 2片（40公克）
洋蔥 …… 1/4顆（40公克）
橘子 …… 1/2顆（100公克）
Ⓑ 原味優格（無糖） …… 3大匙
　 醬油、橄欖油 …… 各1小匙
　 蒜頭（磨成泥） …… 1/6瓣
　 胡椒 …… 少許
● 沙拉油、麵粉

- 單人熱量335大卡
- 料理時間20分鐘（註）

（註）不含雞肉先調味及生菜浸泡冷水的時間。

1. 雞肉去除多餘的脂肪，將筋切掉。先切一半徹底裹上食材Ⓐ，然後靜置10分鐘。用紙巾擦掉多餘的醬汁。
2. 倒入1小匙沙拉油到平底鍋中，以中火加熱。在雞肉撒上1大匙麵粉，然後將雞皮朝下放在鍋子中。煎5到6分鐘後翻面，再煎3分鐘。取出後維持餘熱3分鐘，再切成薄片。
3. 生菜切成2公分寬，洋蔥切薄片，一起浸泡冷水20分鐘。撈起，在濾網上瀝乾，再用紙巾擦拭以去除水分。
4. 橘子剝去薄皮，切成梳子狀。
5. 將步驟②③④的食材盛盤，最後倒上混合均勻的食材Ⓑ。

從一般
做法的鹽分
2.0公克變成
0.2公克

也可當做常備菜！
放在冰箱
可保存
5天

醃漬青蔥甜椒

鹽的分量減少，檸檬香氣就會變成重點。
將蔬菜烤得焦香也是美味的訣竅。

食材（2人分）

蔥 …… 1根（100公克）
甜椒（紅） …… 1/2顆
（80公克）
檸檬汁 …… 1大匙
檸檬皮（磨成泥） …… 少許
● 橄欖油、鹽、砂糖
• 單人熱量92大卡
• 料理時間10分鐘（註）

（註）不含放涼的時間。

1. 蔥切成6公分長，並斜切出0.5公分寬及0.5公分深的刀痕。甜椒去蒂和籽，縱切成2公分寬。
2. 以中火加熱平底鍋30秒，將步驟①的食材排列平底鍋中，並撒上1大匙橄欖油，兩面各煎3到4分鐘。
3. 將步驟②的食材排列在料理盤上，以1撮鹽、1小撮砂糖的順序撒上（Point）。最後撒上檸檬汁與檸檬皮，放涼後就完成了。

Point

以鹽、砂糖的順序添加調味料，才能入味

鹽的分子比砂糖小，所以先撒鹽才能入味。青菜要煎到變色，才能享受焦香滋味。

試吃筆記

檸檬的香氣與清爽的口感，感覺很適合搭配葡萄酒。因為少了鹽，所以似乎更能吃到青菜的鮮甜。

（40歲女性）

牛奶麻醬漬鮪魚

只要用了牛奶，就算少鹽味道也會很濃厚。
不使用醬油，盡情享受濃郁的牛奶麻醬吧！

① 將鮪魚的纖維切斷，魚肉切成一半。用熱水倒在魚肉上汆燙10秒後，以冷水迅速冷卻，再擦乾水分，切成0.5公分寬薄片。

② 將食材Ⓐ都泡在水中10分鐘。

③ 將碎芝麻放入大碗裡，磨到均勻滑順。加入食材Ⓑ拌勻，再慢慢加入牛奶，攪拌至融解且變成奶油狀，做成滑順的牛奶麻醬（Point）。

④ 擦乾步驟②食材的水分，將2/3的量平均鋪在容器中，放上步驟①的食材，淋上③後，再放上步驟②剩下的食材。包上保鮮膜並放入冰箱中，靜置30分鐘。將鮪魚裹上滿滿的牛奶麻醬後享用。

食材（4人分）

鮪魚（瘦肉／生魚片用）…… 250公克

Ⓐ
- 生薑（去皮後切絲）…… 2塊（20公克）
- 茗荷（先縱切成半後再斜切成薄片）…… 4顆
- 青紫蘇（撕開）…… 6片
- 蘿蔔苗 …… 70公克

牛奶麻醬
- 碎芝麻（白）…… 5大匙
- Ⓑ
  - 砂糖 …… 1大匙
  - 芥末醬 …… 2到3小匙
  - 鹽 …… 1小匙（6公克）
- 牛奶 …… 1杯

● 單人熱量180大卡　● 料理時間15分鐘（註）

（註）不含青菜泡水、靜置於冰箱中的時間。

Point
以味道濃厚的牛奶麻醬代替醬油

用牛奶和芝麻突顯的味道，再加入砂糖做出濃厚的甜味醬料。可代替醬油，記起來以後更方便隨時運用。

義大利肉醬麵

義大利麵不加鹽煮熟。
醬汁活用絞肉和蔬菜的美味，
記起來，之後也方便時常運用。

1. 將絞肉平鋪在平底鍋中，以稍大的中火加熱。以鍋鏟邊壓邊煎2分鐘，上下翻面後，再炒2到3分鐘。炒乾後開中火，以紙巾輕輕拍打，擦掉多餘油脂和水分。
2. 在步驟①的食材中均勻加入洋蔥、紅蘿蔔，先不要翻動並煎30秒，再炒30秒。重複這兩個動作，炒約3分鐘。
3. 加入食材Ⓐ拌勻，一直煮到水分收乾。加入番茄，並不時攪拌，煮5到6分鐘直到湯汁變濃稠。加入2撮鹽、1/2小匙砂糖、胡椒少許後，繼續煮。
4. 義大利麵以不加鹽的大量熱水煮熟後（Point），放在濾網上瀝乾水分。加入步驟③的食材拌勻，盛盤，撒上起司粉。

食材（2人分）

通心粉（筆管麵）…… 100 公克
綜合絞肉 …… 150 公克
洋蔥（切成粗末）…… 1/4 顆（50 公克）
紅蘿蔔（切成粗末）…… 1/4 根（40 公克）
番茄（切成 2 公分塊狀）
…… 1 顆（200 公克）

Ⓐ
- 鹽 …… 2 撮（1 公克）
- 牛奶 …… 4 大匙
- 月桂葉 …… 1/2 片

起司粉 …… 1 大匙
● 鹽、砂糖、胡椒

• 單人熱量 453 大卡　• 料理時間 30 分鐘

Point

用不加鹽的熱水煮熟義大利麵

煮義大利麵時，常不小心加入過多的鹽。要減鹽，煮麵時就不要加鹽，這樣容易確認醬汁中含有多少鹽分。

Point

磨成泥的洋蔥和生薑，讓美味更升級！

磨成泥的洋蔥和生薑，在加熱後會釋出溫和的鮮味。就算鹽分少，也能做出美味醬汁。

從一般做法的鹽分 3.9公克變成 **2.6公克**

中式涼麵

洋蔥和生薑磨成泥後，加入醬汁中，不僅味道很棒，麵也更容易裹上醬汁。

1. 在小鍋子中倒入食材Ⓐ，以中火加熱（Point）。煮滾後，邊攪拌邊煮2到3分鐘，直到水分完全收乾。倒進耐熱容器中放涼。
2. 豆芽菜洗乾淨，韭菜切成6公分長。
3. 雞里肌去筋，撒上1大匙酒後放進小鍋中，注入2杯水並以中火加熱。煮滾後，蓋上鍋蓋並熄火，靜置冷卻到手可以觸摸的溫度，在剛煮肉的水中將雞里肌剝散。
4. 以大量熱水煮熟中華麵，撈起來的前30秒放入步驟②的食材一起汆燙。放在濾網上以流水洗過，再擦乾水分。
5. 將步驟④的食材分裝在容器中，再分別撒上1/2小匙麻油。放上擦乾水分的雞里肌、切半的水煮蛋，將步驟①的食材放在全部食材上，享用時攪拌著吃。

食材（2人分）

中華麵（生）…… 2 球（240 公克）
雞里肌肉 …… 2 塊（80 公克）
豆芽菜（可先把根去除）
…… 1 袋（200 公克）
韭菜 …… 50 公克
水煮蛋 …… 1 顆

Ⓐ
- 洋蔥（磨成泥）…… 1/2 顆（100 公克）
- 生薑（磨成泥）…… 1 塊（10 公克）
- 砂糖 …… 2 小匙
- 醬油 …… 1 又 1/2 大匙
- 醋 …… 1 大匙
- 麻油 …… 1 小匙

● 酒、麻油

• 單人熱量 530 大卡　• 料理時間 20 分鐘（註）

（註）不含Ⓐ放涼、冷卻雞里肌的時間。

食材（2人分）

蕎麥麵（乾）⋯⋯ 200 公克

山藥 ⋯⋯ 200 公克

Ⓐ
- 碎芝麻（白）⋯⋯ 2 大匙
- 牛奶 ⋯⋯ 120 毫升
- 芥末醬 ⋯⋯ 1 到 1 又 1/2 小匙
- 鹽 ⋯⋯ 1/2 小匙（3 公克）
- 醬油 ⋯⋯ 1 到 2 滴

水菜 ⋯⋯ 30 公克

茗荷 ⋯⋯ 1 顆

- 單人熱量 470 大卡
- 料理時間 15 分鐘

①水菜切成4公分長。茗荷縱切成半後，再斜切成薄片。

②山藥削皮後先切薄片，再切成細絲，接著切碎（放在紙巾上切不容易滑掉，會比較好切 Point 1）。移到大碗中，加入食材Ⓐ混合均勻（Point 2）。

③蕎麥麵用大量熱水煮熟，放在濾網上以流水清洗後，瀝乾。

④將步驟①與③的食材盛盤，②的食材加在所有食材上。和蕎麥麵一起攪拌後享用。

從一般做法的鹽分 3.9公克變成 **2.0**公克

芥末山藥蕎麥涼麵

切細的山藥醬汁，可徹底裹在蕎麥麵上。加牛奶或許不常見，但醬油及芝麻其實很搭配。

Point

1 山藥用刀切碎，比磨成泥好

山藥磨成泥後，容易從筷子或蕎麥麵上滑下來。如果用刀切碎，就會裹在蕎麥麵上，也容易吃出鹹味。

2 加入芥末，可突顯味道

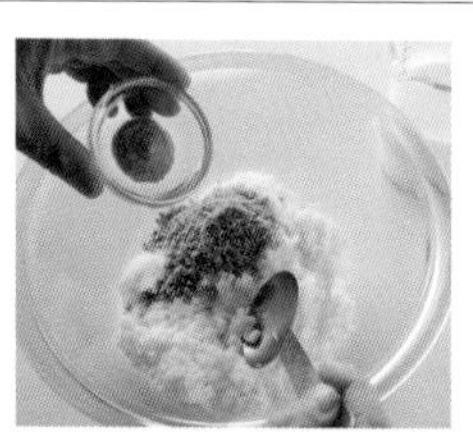

在醬汁中加入少許芥末，衝鼻的香氣與辣度，可讓少量的鹽與醬油味道更突顯。

試吃筆記

要不是有說，根本不會注意到加了牛奶。山藥黏稠的醬汁裹在蕎麥麵上，真的很好吃。

（50 歲男性）

麻醬烏龍麵

鹽分 2.4 公克
※這道料理沒有比較對象

用美乃滋或優格來增添酸味，做出黏稠的醬汁吧！

食材（2人分）

冷凍烏龍麵 …… 2 球（400 公克）
萵苣 …… 1 到 2 片（50 公克）
小黃瓜 …… 1/2 根（50 公克）
板豆腐 …… 1/2 塊（150 公克）
Ⓐ
- 美乃滋、原味優格（無糖）、蠔油 …… 各 1 又 1/3 大匙
- 碎芝麻（白） …… 2 大匙
- 辣油 …… 1/4 到 1/2 小匙

- 單人熱量 460 大卡
- 料理時間 15 分鐘

① 萵苣切成0.5公分寬。小黃瓜縱切成半後，再斜切成薄片。
② 豆腐撕成小塊，均勻放在紙巾上，擦掉水分。和食材Ⓐ拌勻。
③ 將烏龍麵以大量熱水煮熟，放在濾網上以流水清洗，瀝乾。和步驟①的食材拌在一起。
④ 將步驟③的食材盛盤，豆腐散放在上面。再把食材Ⓐ倒在所有食材上。

番茄麵線

從一般做法的鹽分 4.0公克變成 2.8 公克

番茄和山藥昆布，不同美味組合成很有個性的醬汁。麵線中加入青紫蘇，沾著醬汁一起享用吧。

食材（2人分）

麵線（乾） …… 200 公克
Ⓐ
- 番茄 …… 2 顆（400 公克）
- 山藥昆布 …… 10 公克
- 生薑（切成粗絲） …… 1 塊（10 公克）
- 砂糖、醬油、醋 …… 各 1 小匙
- 鹽 …… 1/2 小匙（3 公克）

青紫蘇 …… 6 片

- 單人熱量 398 大卡
- 料理時間 15 分鐘

① 將1顆番茄去蒂，連皮一起磨成泥；另1顆番茄則連皮切成1公分塊狀。山藥昆布以剪刀剪細，和剩下Ⓐ的食材一起攪拌均勻，盛在容器中。
② 麵線用大量熱水煮熟，放在濾網上以流水清洗，瀝乾水分。青紫蘇撕碎後撒在麵上，盛盤。邊沾步驟①的醬料邊享用。

第5章

飯、湯的美味減鹽

飯、湯 美味減鹽的3個訣竅

訣竅1 比起拌飯，食材散放的蓋飯更容易減鹽

壽司或拌飯為了有味道，很難控制調味料的量，所以將飯和食材分開調味的「蓋飯」，比較容易減鹽。

壽司飯也是，不要將壽司醋撒在所有飯中混合，而是邊吃邊少量使用，這樣比較容易控制鹽分。

青紫蘇、茗荷、鴨兒芹等香料蔬菜，也能幫助控制鹽分。

訣竅2 推薦使用甜味較少，比較乾爽的米

甜味較少、且沒有黏性，吃起來乾爽的米，較適合搭配減鹽菜餚。因為甜味重且有黏性的米，會讓人忍不住想吃較重口味的配菜。

可以調查品種，或是到米店詢問要選哪種米，以搭配減鹽的食譜。

訣竅3 減少鹽分，美味就更能突顯

想要減少湯汁的鹽分，就要提升高湯中的鮮味，加入有鮮味的食材，能減少味噌等調味料。此外，用鹽水先將食材調味，湯汁就可以清淡一點。

太白粉水或蛋汁可讓湯汁變濃稠，只要多下這道工夫，就能更突顯味道。

後面內容，也有非常多美味減鹽的小技巧。

什錦炊飯

炊飯中會增加鹽分，大多因為食材和飯兩邊都有調味。
如果只有食材調味，就可以減少鹽分。

Point

1 食材先調味

將食材放入飯鍋前先調味。不是在煮飯的水中調味，而是在食材中先調味，再煮飯，比較能減少鹽分。

2 用醬油增添香氣

要在飯中調味就要減少鹽分。在剛煮好的飯中加入醬油，可增添香氣；加少量就很香。

試吃筆記

比平常吃的什錦炊飯顏色要淺，本來以為味道也很清淡，但食材的味道其實很足夠，也很美味。而且覺得牛蒡和紅蘿蔔比平常要來得香。

（40歲男性）

食材（4人分）

米 …… 360毫升（2杯）
牛蒡 …… 1/3根（50公克）
紅蘿蔔 …… 1/3根（50公克）
生香菇 …… 3朵（45公克）
美姬菇 …… 50公克
豬肉絲 …… 150公克

Ⓐ
- 砂糖 …… 1小匙
- 酒 …… 2大匙
- 鹽 …… 1/2小匙（3公克）

Ⓑ
- 鹽 …… 1/4小匙（1.5公克）
- 水 …… 1又3/4杯

青蔥（切碎） …… 8根

● 醬油

- 單人熱量394大卡
- 料理時間20分鐘（註）

（註）不含將米瀝乾、炊煮的時間。

① 米洗好後放在濾網中瀝乾，靜置30分鐘。

② 以刀背削去牛蒡皮，切成細片狀後，在水中浸泡5分鐘，撈起放在濾網上。紅蘿蔔切成0.5公分厚扇形，香菇去梗後切成薄片。美姬菇切掉根部，剝開。

③ 大碗中放入豬肉和步驟②的食材拌勻，再放入食材Ⓐ攪拌均勻（Point 1）。

④ 將步驟①的食材放入飯鍋中整平。放上步驟③的食材，食材Ⓑ則稍微拌勻後倒入，和平常一樣煮飯。煮好後，繞圈加入1小匙醬油（Point 2），稍微拌勻。盛盤，撒上蔥花。

從一般
做法的鹽分
2.9公克變成
1.6公克

親子丼

親子丼的煮汁容易放太多鹽。
只要將雞肉、蛋個別調味，就能減少鹽分。

食材（2人分）

雞胸肉 …… 1/2 片
（100 公克）

Ⓐ 鹽 …… 1 撮（0.5 公克）
　 麵粉 …… 2 小匙

洋蔥（切薄片）
…… 1/4 顆（50 公克）

Ⓑ 水 …… 1 杯
　 砂糖、醬油 …… 各 1/2 大匙

蛋 …… 2 顆
鴨兒芹（隨意切段） …… 適量
白飯（溫熱） …… 350 公克
壽司海苔（全形） …… 1 片
● 醬油

- 單人熱量 454 大卡
- 料理時間 20 分鐘

1. 雞肉去皮，用保鮮膜包住，捶打30次後，去除保鮮膜並切薄片，裹上食材Ⓐ。
2. 在直徑約20公分的鍋中放入洋蔥和食材Ⓑ，開中火煮滾後，再煮1到2分鐘。加入步驟①的食材後，以小火煮2分鐘，雞肉上下翻面。
3. 將蛋打進大碗中輕輕打散（以筷子攪拌約10次即可，不要攪過頭），加入1小匙醬油，稍微拌勻（Point）。
4. 步驟②的食材開中火煮，以杓子舀起步驟③食材的一半，從鍋子中央以繞圈方式倒入，蓋上鍋蓋加熱30秒。剩下步驟③的食材以繞圈方式加入鍋中，持續搖晃鍋子，直到蛋汁呈現半熟狀態。熄火後放入鴨兒芹。
5. 將飯盛在容器中，海苔撕碎並撒在飯上，用湯匙舀起步驟④的食材，盛在飯上。

分開調味

煮汁、蛋汁與雞肉都以少量鹽分調味，就能減少整體的鹽分。此外，打蛋時不要攪太久，可以保留雞蛋原本的口感與濃稠度，吃起來就不會覺得味道太淡。

從一般做法的鹽分2.1公克變成

1.3公克

雞鬆丼

將飯、雞鬆及半熟蛋拌在一起吃，味道非常香！

① 將2小匙醋倒入5杯熱水中，蛋放入煮6分鐘。然後沖冷水冷卻，剝殼後切成一半。豌豆去蒂、去筋，以熱水迅速汆燙後切絲。

② 在大碗上架一個濾網，放入一半的絞肉。從上淋下約5杯熱水，待所有絞肉都泡在熱水中後，瀝乾水分並放涼（Point）。

③ 在鍋中放入步驟②的食材、剩下的絞肉和食材Ⓐ，開中火加熱1分鐘，並以4根筷子攪拌均勻。離火，繼續攪拌30到40秒。這兩個動作反覆約5次，然後熄火放涼。

④ 將飯裝在容器中，放上步驟③的食材，將步驟①的食材裝飾在旁邊，就完成了。

食材（3人分）

雞絞肉 …… 200公克
蛋 …… 3顆
豌豆 …… 5到6根
Ⓐ 砂糖 …… 2大匙
Ⓐ 鹽 …… 1/4小匙（1.5公克）
Ⓐ 味噌、生薑汁 …… 各2小匙
白飯（溫熱）…… 3碗（525公克）
● 醋

• 單人熱量549大卡　• 料理時間20分鐘（註）

（註）不含雞鬆放涼的時間。

Point

一半絞肉先汆燙

將一半絞肉以熱水燙過，可除去多餘油脂，比較容易入味。而為了保留肉的鮮味，剩下的一半則直接使用。

散壽司

料理輕鬆，口感又好，
放了很多醃漬魚片，
因此醬油和醋的用量都很少。

食材（2人分）

白飯（溫熱）⋯⋯ 300 公克
酪梨 ⋯⋯ 1/2 顆
綜合生魚片（鮪魚、鯛魚、花枝、紅魽等）⋯⋯ 120 公克

Ⓐ
- 醬油 ⋯⋯ 1 小匙
- 味醂 ⋯⋯ 2 小匙
- 芥末醬 ⋯⋯ 1 小匙

Ⓑ
- 砂糖 ⋯⋯ 1 大匙
- 鹽 ⋯⋯ 1/3 小匙（2 公克）
- 醋 ⋯⋯ 3 大匙

壽司海苔（全形）⋯⋯ 1 片
青紫蘇 ⋯⋯ 3 片

- 單人熱量 438 大卡
- 料理時間 20 分鐘

① 酪梨去皮、去種子，切成1到2公分塊狀。

② 生魚片切成長條，浸泡在混合的食材Ⓐ中，靜置10分鐘以上（Point 1）。食材Ⓑ則先攪拌均勻。

③ 將飯平鋪在容器中，將海苔和青紫蘇撕碎撒在飯上。撒上食材Ⓑ（Point 2）、步驟①的食材，以及瀝乾多餘醬汁的生魚片，就完成了。一邊攪拌一邊吃。

Point

2 不要拌入壽司醋，而是在吃前撒上

壽司醋不要攪拌在飯裡，而是最後再少量撒上。香氣十足的青紫蘇可幫助減少壽司醋用量。另外，海苔可以吸收壽司醋，能均勻地包覆在所有飯上。

1 生魚片先醃漬，就能減少醬油量

生魚片邊沾醬油邊吃，容易攝取過多的鹽分。所以事先將生魚片醃漬過，就能自己決定醬油的用量。

從一般做法的鹽分4.4公克變成**2.3公克**

稻禾壽司捲

稻禾壽司的高鹽分，主要來自甜又鹹的油豆皮，
所以不要用油豆皮裝成一顆顆，而是以捲的方式減少用量。

食材（2人分）

白飯（溫熱）⋯⋯ 300 公克
油豆皮 ⋯⋯ 3 片
Ⓐ 三溫糖（註）、醬油、味醂 ⋯⋯ 各 2 大匙
　 水 ⋯⋯ 1 又 1/2 杯
小黃瓜 ⋯⋯ 1 根
紅蘿蔔 ⋯⋯ 30 公克
Ⓑ 醋 ⋯⋯ 2 小匙
　 麻油 ⋯⋯ 1 小匙
白芝麻 ⋯⋯ 1 大匙

- 單人熱量 443 大卡
- 料理時間 50 分鐘

（註）沒有三溫糖，用砂糖亦可。

1. 將油豆皮以溫水搓揉，去除油脂並擰乾水分。留下長邊，其他三邊都切開，直接攤開。
2. 在鍋中將食材Ⓐ煮滾，放入步驟①的食材。再次煮滾後，放上以沾濕紙巾（不織布）做成的落蓋，以小火燉煮30到35分鐘，直到煮汁剩2大匙左右，熄火放涼。
3. 將小黃瓜、紅蘿蔔斜切成薄片後，再切成細絲，淋上混合均勻的食材Ⓑ。
4. 輕輕擰乾步驟②食材的煮汁，將每片油豆皮的內側往上翻，各放在1片保鮮膜上展開。將內側約2公分的地方空出，個別鋪平1/3量的飯，撒上芝麻。將步驟③的食材平均鋪在靠自己的一側，然後當成中心往前捲起（Point）。
5. 維持包著保鮮膜的狀態，靜置一會兒，然後1條切成6等分後，再拿掉保鮮膜。

Point

用長形油豆皮捲起，能減少油豆皮的量

稻禾壽司所使用的油豆皮，要煮得又甜又鹹才好吃。所以，只好以減少油豆皮的方式減鹽。另外，白飯不另外調味，也能減鹽。

鯛魚香飯

麻油可增添香氣和鮮味，再佐以蔥芝麻和酢橘，以提升風味。

從一般做法的鹽分2.5公克變成 **1.5公克**

食材（4人分）

米 …… 360毫升（2杯）
鯛魚（切片）
…… 2片（200公克）
Ⓐ 鹽 …… 1撮（0.5公克）
　 酒 …… 2大匙
蔥 …… 1/3根（30公克）
水菜 …… 30公克
Ⓑ 鹽 …… 1/2小匙（3公克）
　 水 …… 1又3/4杯
白芝麻 …… 2大匙
酢橘 …… 適量
● 醬油、麻油

- 單人熱量427大卡
- 料理時間20分鐘（註）

（註）不含米瀝乾水分及炊煮的時間。

①米洗好後放在濾網上，靜置約30分鐘。
②鯛魚撒上食材Ⓐ後靜置10分鐘，擦乾水分。蔥先縱切成半後，再斜切成薄片。水菜切成3公分長。
③在煮飯鍋中放入步驟①的食材，再鋪上步驟②的鯛魚。將混合均勻的食材Ⓑ注入其中，以一般的方式煮飯。
④煮好後去除鯛魚的骨頭，放入一半的蔥和水菜、醬油2小匙、麻油1大匙，稍微拌勻。盛盤，再放上剩下的蔥和水菜，以指尖抓一點白芝麻撒上。旁邊放上酢橘。

西式鮭魚壽司

魚先燙熟後，適度除去油脂，更能感受鹹味。

鹽分 **1.6公克**
※這道料理沒有比較對象

食材（2人分）

白飯（溫熱）…… 300公克
生鮭魚（生魚片用）
…… 1片（100公克）
洋蔥 …… 1/2顆
西洋菜 …… 30公克
Ⓐ 醋 …… 2大匙
　 砂糖 …… 1大匙
　 鹽 …… 1/2小匙（3公克）
　 胡椒 …… 少許
　 生薑（切絲）
　 …… 1塊（10公克）

- 單人熱量362大卡
- 料理時間25分鐘

①於鍋中將4杯水煮沸，將切半的鮭魚放入汆燙2分鐘。熄火後直接冷卻，取出去除魚皮、骨頭，並將肉剝鬆。
②洋蔥切斷纖維後，切成3等分長度的薄片。西洋菜則切成2公分長。
③將食材Ⓐ混合均勻，倒入步驟①的食材中，加入步驟②的洋蔥後，靜置10分鐘。
④在飯中淋上步驟③的醬汁後，稍微攪拌，加入西洋菜後，拌勻就完成了。

從一般做法的鹽分3.2公克變成 **1.4公克**

豬肉味噌湯

食材事先調味，味道就很足夠。
就算湯減鹽，還是讓人覺得很滿足。

食材（2人分）

豬五花肉（薄片）
…… 100公克
牛蒡 …… 1/4根（50公克）
白蘿蔔 …… 100公克
紅蘿蔔 …… 30公克
生香菇 …… 2朵（30公克）
Ⓐ 鹽 …… 1/4小匙（1.5公克）
　 水 …… 2大匙
Ⓑ 味噌 …… 1小匙
　 醬油 …… 1/2小匙
七味粉 …… 適量
● 麻油

- 單人熱量275大卡
- 料理時間30分鐘

① 牛蒡去皮，削成細片狀後，浸泡在水中5分鐘，撈起以紙巾擦乾水分。白蘿蔔、紅蘿蔔都切成0.8公分厚的扇形。香菇去梗後切片。豬肉切成3公分寬。

② 鍋中倒入2小匙麻油，以中火加熱，均勻地放入牛蒡、白蘿蔔、紅蘿蔔，先煎2分鐘，不要翻動，接著再翻炒2分鐘。

③ 將香菇、豬肉、拌勻的食材Ⓐ混合攪拌（Point）。炒到肉變色，便加入1又3/4杯的水，煮滾後撈除浮渣，轉小火煮10分鐘。

④ 將食材Ⓑ放入大碗中，稍微倒入步驟③的煮汁，攪拌到融化，再加入步驟③的食材。以小火持續煮5分鐘後盛盤，撒上七味粉。

Point

食材以鹽水先調味

不是用味噌來完成這道料理，而是用鹽水炒食材調出鹹味，最後才加入味噌。這樣就能減少鹽的用量。

從一般做法的鹽分1.6公克變成
0.9公克

義大利蔬菜湯

確實炒出蔬菜的鮮甜滋味。

食材（2人分）

培根（薄片）
…… 1片（20公克）
蘑菇 …… 3朵（45公克）
洋蔥 …… 1/4顆（50公克）
甜椒（紅） …… 1/3顆（50公克）
馬鈴薯 …… 1顆（100公克）
小番茄 …… 10顆（150公克）
● 橄欖油、鹽、黑胡椒（粗粒）

- 單人熱量175大卡
- 料理時間35分鐘

① 將培根切成1公分寬。蘑菇去掉根部，切片。洋蔥、甜椒、馬鈴薯都切成1.5到2公分的塊狀。小番茄去蒂，橫切成半。

② 鍋中倒入1大匙橄欖油，放入培根、蘑菇後以中火加熱，炒3分鐘直到飄出香氣。加入洋蔥、甜椒後再炒2分鐘，等洋蔥變透明後，加入馬鈴薯炒3分鐘，然後加入小番茄炒2分鐘。

③ 加入1/4小匙鹽後炒1到2分鐘，加入1又1/2杯水。煮滾後撈除浮渣，以小火煮15分鐘。盛盤，撒上黑胡椒，就完成了。

從一般做法的鹽分2.0公克變成
1.0公克

酸辣湯

勾芡後，就算減鹽味道也很夠。

食材（2人分）

嫩豆腐 …… 1/3塊（100公克）
韭菜 …… 30公克
蛋 …… 1顆
豬絞肉 …… 50公克
豆瓣醬 …… 1/2小匙
Ⓐ 水 …… 1又1/4杯
　 蠔油 …… 1小匙
Ⓑ 太白粉 …… 2小匙
　 水 …… 2大匙
● 鹽、醋、胡椒

- 單人熱量96大卡
- 料理時間15分鐘

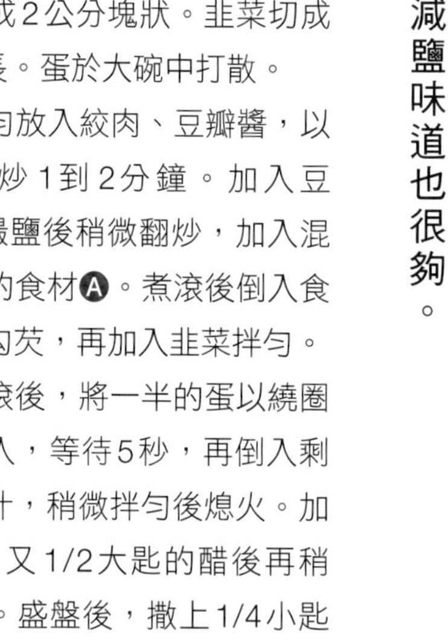

① 豆腐切成2公分塊狀。韭菜切成2公分長。蛋於大碗中打散。

② 鍋中均勻放入絞肉、豆瓣醬，以中火翻炒1到2分鐘。加入豆腐、2撮鹽後稍微翻炒，加入混合均勻的食材Ⓐ。煮滾後倒入食材Ⓑ的勾芡，再加入韭菜拌勻。

③ 再次煮滾後，將一半的蛋以繞圈方式倒入，等待5秒，再倒入剩下的蛋汁，稍微拌勻後熄火。加入1到1又1/2大匙的醋後再稍微拌勻。盛盤後，撒上1/4小匙的胡椒。

從一般做法的鹽分1.6公克變成 **1.1公克**

海帶蛋花湯

重點是先在蛋汁中加入調味，最後再用薑泥增添香氣。

食材（2人分）

蛋 …… 1顆

A
- 水 …… 1又3/4杯
- 鹽 …… 1/4小匙（1.5公克）
- 味醂 …… 1小匙

乾海帶 …… 2小匙

B
- 太白粉 …… 1小匙
- 水 …… 2小匙

生薑（磨成泥）…… 1/2塊（5公克）

● 醬油、麻油

- 單人熱量53大卡
- 料理時間10分鐘

1. 蛋在碗中打散，加入1/4小匙醬油、1到2滴麻油，攪拌均勻。
2. 鍋中放入食材A，以中火加熱，在湯滾前加入乾海帶煮1分鐘。將融解的食材B以繞圈方式倒入勾芡。
3. 再次煮滾後，將步驟①食材的一半，以繞圈方式倒入，等5秒鐘，再將剩下一半以繞大圈的方式倒入，稍微拌勻後熄火。盛盤，放上薑泥就完成了。

從一般做法的鹽分2.5公克變成 **1.7公克**

青蔥海苔味噌湯

用麻油來炒青蔥可增添風味，加了海苔後更是香氣十足。

食材（2人分）

青蔥 …… 1根（100公克）

壽司海苔（全形）…… 1片

A
- 味噌 …… 1大匙
- 柴魚片 …… 5公克
- 水 …… 1大匙

● 麻油、鹽

- 單人熱量78大卡
- 料理時間12分鐘

1. 青蔥斜切成薄片。海苔則撕碎。將食材A混合均勻。
2. 鍋中倒入2小匙麻油，以中火加熱，青蔥均勻放入，先不要翻動，直接煎2分鐘，接著再炒2分鐘。
3. 撒2撮鹽，注入1又3/4杯水，煮滾後轉小火再煮5分鐘。
4. 蔥煮軟後熄火，加入過濾後的食材A，使其融入湯中。加入海苔後，再攪拌均勻，再次開大火，煮到快滾時熄火。

食材索引

▌日日好食／18

減鹽料理可以這麼好吃！

NHK嚴選80道家常食譜，少用一半鹽，美味又健康

シニアの 減塩するからおいしいレシピ

監　　修：小田真規子
料理製作：小田真規子
攝　　影：岡本真直、柿崎真子（50～51、77頁）
譯　　者：米　宇
責任編輯：陳家珍
校　　對：陳家珍、林淑蘭
封面設計：走路花工作室
內頁排版：思　思

發 行 人：洪祺祥
副總經理：洪偉傑
副總編輯：謝美玲
法律顧問：建大法律事務所
財務顧問：高威會計師事務所
出　　版：日月文化出版股份有限公司
製　　作：山岳文化
地　　址：台北市信義路三段151號8樓
電　　話：（02）2708-5509　　傳真：（02）2708-6157
客服信箱：service@heliopolis.com.tw
網　　址：www.heliopolis.com.tw
郵撥帳號：19716071 日月文化出版股份有限公司

總 經 銷：聯合發行股份有限公司
電　　話：（02）2917-8022　　傳真：（02）2915-7212
製版印刷：禾耕彩色印刷事業股份有限公司
初　　版：2019年4月
定　　價：320元
I S B N：978-986-248-797-6

國家圖書館出版品預行編目(CIP)資料

減鹽料理可以這麼好吃！：NHK嚴選80道家常食譜，少用一半鹽，美味又健康／小田真規子監修；米宇譯. -- 初版. -- 臺北市：日月文化，2019.04
96面；19×26公分. --（日日好食；18）
譯自：シニアの減塩するからおいしいレシピ
ISBN 978-986-248-797-6（平裝）
1. 食譜　2. 健康飲食

427.1　　108002229